彩图1 华北柴鸡

彩图2 萧山鸡公鸡

彩图3 济宁百日鸡母鸡

彩图4 济宁百日鸡公鸡

彩图5 黄山黑鸡公鸡

彩图6 黄山黑鸡母鸡

U0318132

1

彩图 7 禽流感初病中鸡冠鲜红

彩图 8 禽流感恢复期病鸡歪头

彩图 9 大肠杆菌引起的心包炎

彩图 10 大肠杆菌引起的肝脏被黄白色
干酪物包裹

彩图 11 大肠杆菌引起的腹膜炎

彩图 12 禽流感引起禽角质层下出血

彩图13 传染性法氏囊病腺胃肌胃交界
处出血明显

彩图14 传染性法氏囊病病鸡高度
精神沉郁

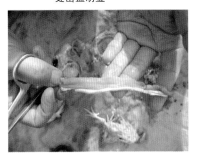

彩图15 球虫病肠壁增厚，切开肠壁
外翻

彩图16 传染性法氏囊病腿肌出血

彩图17 盲肠球虫

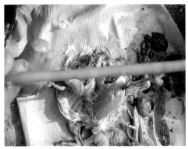

彩图18 小肠球虫病鸡主要表现为
小肠肿胀

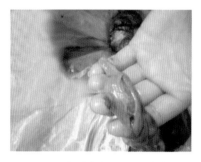

彩图19　新城疫小肠淋巴细胞肿胀

彩图20　新城疫腺胃乳头压迫后流出黄色脓样分泌物

彩图21　新城疫腺胃乳头出血

彩图22　肾传染性支气管炎

彩图23　沙门菌感染盲肠内容物可能有干酪样栓子

彩图24　鸡白痢引起的肝脏上白色坏死点

4

家禽高效生态养殖书系

柴鸡规模化散养技术

杨柏萱　张予东　主编

河南科学技术出版社

·郑州·

图书在版编目（CIP）数据

柴鸡规模化散养技术/杨柏萱，张予东主编．—郑州：河南科学技术
出版社，2012.8
（家禽高效生态养殖书系）
ISBN 978 - 7 - 5349 - 5931 - 8

Ⅰ.①柴⋯　Ⅱ.①杨⋯　②张⋯　Ⅲ.①鸡 - 饲养管理　Ⅳ.①S831.4

中国版本图书馆 CIP 数据核字（2012）第 183437 号

出版发行：河南科学技术出版社
　　　　　地址：郑州市经五路 66 号　　邮编：450002
　　　　　电话：（0371）65737028　65788631
　　　　　网址：www.hnstp.cn
策划编辑：杨秀芳
责任编辑：田　伟
责任校对：翟　楠
封面设计：宋贺峰
版式设计：栾亚平
责任印制：朱　飞
印　　刷：开封日报社印务中心
经　　销：全国新华书店
幅面尺寸：140 mm×202 mm　印张：5.25　字数：127 千字　彩插：0.125
版　　次：2012 年 8 月第 1 版　2012 年 8 月第 1 次印刷
定　　价：15.00 元

编写人员名单

主　编　杨柏萱　张予东
副主编　李桂英　牛永华　王艳竹　刘亚飞
参　编　毕志杰　牛海艳　张艳红
主　审　杨前锋

前　言

　　经过 20 多年畜牧工作经验的积累，作者在紫鸡的规模化饲养管理中总结出一些经验，同时对紫鸡饲养管理也进行了一系列的创新工作，这些工作经验在给饲养管理人员培训过程中得到了良好的反馈，现总结如下：

　　1. 紫鸡的绿色养殖，就是要杜绝使用抗生素类药品和生长促进剂等饲料添加剂，最重要的一点是要有足够的饲养场所。

　　2. 做好放养场地排水的管理工作和饲养场所的青绿饲草的种植工作。一个良好的紫鸡放养场，要达到上述要求。

　　3. 高密度开食饲养管理：以育雏密度为 90 ~ 100 只/米² 进行前 10 小时的开食工作，雏鸡在开食时是通过互相学习吃料开食的。该密度能确保在鸡入舍 10 小时左右饱食率达 95% 以上，以保证雏鸡 1 周龄体重超过标准体重。

　　4. 低温接雏、合适温度育雏，控制育雏前 1 周湿度：在接雏前 3 小时到接雏后 3 小时之间控制舍内温度在 27 ~ 29℃，然后按每小时上调 1℃ 的速度，到入舍后 3 小时使舍内温度保持在 30 ~ 32℃。预防雏鸡脱水，有利于开食。前 3 天育雏温度控制在 30 ~ 32℃。育雏前 1 周舍内相对湿度不低于 65%。

　　5. 育成期的均匀度决定后期生产性能：4 ~ 8 周龄和 12 ~ 16 周龄均匀度是管理重点，这两个阶段均匀度均以不低于 78% 为宜。对紫鸡的管理分三个管理重点期和两个生命薄弱期。8 周末胫骨长是管理的重点。

6. 鸡群上市后空舍要求：空舍 2 个月左右。鸡群淘汰后要求 10 天内清理干净鸡粪，20 天内洗干净鸡舍和设备，干燥后鸡舍用 20% 生石灰水刷地面和 1.5 米高的舍内墙壁，要刷得均匀一致。舍外清理工作 10 天内完成，舍内晾干后空舍 10 天以上。

7. 产蛋期的管理重点：注意柴鸡的采食时间和蛋重大小。蛋重、料量和采食时间是柴鸡场的管理重点。

上述观点在书中有详细的论述，作者希望通过这本书与饲养户对柴鸡饲养的管理理念进行交流，共同构建柴鸡饲养美好的明天。

编者

2011 年 11 月

目　录

第一章 柴鸡的饲养特点、品种与建场要求

一、柴鸡的饲养特点

柴鸡也就是国内地方土鸡的总称，即以地方放养为主，以绿色养殖为特点。随着当今社会的发展，人们对膳食结构有了更高的要求，对蛋和肉的要求也有所提高。在畜牧生产中，各种饲料添加剂的使用，再加上药品滥用等问题，使大家对绿色食品更加关注，散养的肉用柴鸡和蛋用柴鸡更受人青睐。柴鸡和柴鸡蛋均可卖到商品蛋数倍的价格，经济效益明显，家养食用柴鸡的价格更高。尤其在大城市里，一只正宗柴鸡价格常在百元以上，但其饲养成本不足 20 元，利润可观。

人们对自然生长的柴鸡和柴鸡蛋需求越来越大，这就需要规模化的生产管理。但要满足人们对真正柴鸡的需求，规模化柴鸡生产不能忽视肉和蛋的品质。柴鸡能那么受人欢迎是因为饲养模式的原因，也就是要散养和少喂饲料。

柴鸡可分为蛋用柴鸡、肉用柴鸡和种用柴鸡，饲养模式以散养为好。不管是肉用或是蛋用没有品种区别，只是用途不同而已。

肉用柴鸡饲养周期为 3~4 个月，一般体重达到 1.5~2 千克即可出栏。为了使其肉质更加鲜美，出栏前 1 个月可以饲喂些高能量高蛋白的柴鸡育肥料，这些饲料应是专配料，其中不能加入

1

任何饲料添加剂。

蛋用柴鸡的饲养周期为 22～24 个月。达到性成熟后时，对公鸡进行育肥，然后出售。准备好产蛋箱，继续饲养母鸡。

种用柴鸡饲养周期为 22～24 个月。达到性成熟后，对鸡群进行筛选，淘汰不良鸡只。按公母鸡比例 1:10 进行配比。种用柴鸡应分为两种：肉用种用柴鸡和蛋用种用柴鸡。

肉用种用柴鸡可与产肉性能高的品种杂交而成，就是用柴鸡的母鸡配套快大型肉鸡母系的公鸡。这样的柴鸡散养后肉质会更加鲜美。

蛋用柴鸡种鸡配套合理的公鸡就行，淘汰生产生长不合格的鸡只，做些必要的选种工作即可。

二、品种介绍

我国各地有许多名优土鸡品种，这些品种的肉、蛋产品一直在国内外市场上十分走俏，具有很强的竞争力。

（一）萧山鸡

萧山鸡产于浙江省萧山市，又称萧山大种鸡、越鸡，属肉蛋兼用型良种，现饲养量约为 150 万只。萧山鸡体型肥大，外形近似方而浑圆。初生雏羽浅黄色，较为一致。公鸡体格健壮，羽毛紧密，头昂尾翘。红色单冠、直立、中等大小。肉垂、耳叶红色。眼球略小，虹膜橙黄色。喙稍弯曲，端部红黄色，基部褐色。全身羽毛有红、黄两种，两者颈、翼、背部等羽色较深，尾羽多呈黑色。母鸡体态匀称，骨骼较细。全身羽毛基本黄色，但麻色也不少。颈、翼、尾部间有少量黑色羽毛。单冠红色，冠齿大小不一。肉垂、耳叶红色。眼球蓝褐色，虹膜橙黄色。喙、胫黄色。一般成年公鸡体重为 3～3.5 千克，母鸡约为 2 千克，阉鸡达 5 千克。胸部肌肉特别发达，两脚粗壮结实，活泼好动，喜觅活食。

萧山鸡主要分布于瓜沥、义蓬、坎山、城北等地。产区地处钱塘江冲积平原,农业发达,饲料丰富,又适宜鸡群放养,加上当地农民养鸡经验丰富,故形成该鸡成熟早、生长快、体型肥大、肉质细嫩、产蛋率高等特点。近年来,产区建立种鸡场,进行复壮提纯,解决鸡种杂和退化问题。电孵生产的雏鸡,饲养180天左右即能生蛋,年产120～150枚,蛋重54～56克。萧山鸡鸡肉脂肪含量较普通鸡少,据测定,100克萧山鸡鸡肉中含蛋白质23克,脂肪仅1克左右。成鸡适时阉割,可加速生长,体型高大,俗称"萧山红毛大阉鸡"。经育肥后的阉鸡皮脂淡黄色,肉质鲜香细嫩,为节日馈赠亲友和宴请宾客的佳品。

萧山鸡营养丰富,对人体具有补益五脏、治脾胃虚弱之功效。民间以仔鸡与黄芪炖服,对慢性肝炎、腰肌酸痛、神经衰弱、气虚盗汗、肾阳不足等症有较好疗效。早在春秋时代,民间土种鸡被择优选入越王宫中,作观赏玩乐之用,逐渐形成性状良好的鸡种,名为"越鸡"。后由宫中传至民间,再经精心培育而成为今日的萧山鸡,故其饲养历史已达2000余年。现在,萧山鸡除供应国内,还销往香港。

1952～1959年,浙江省农业科学研究所对萧山鸡进行了长期的系统选育工作。1976年,杭州市成立了萧山鸡选育协作组,继续做好保种和推广工作。经过长期的人工选择,使萧山鸡成为具有独特肉用性能的肉用型鸡种。

萧山鸡与杂交肉鸡相比,其早期生长速度和屠宰率尚不够理想。今后除继续选育提高外,应利用它作为杂交育种素材,以生产配套杂交的优质黄羽肉鸡。

(二) 梅岭土鸡

梅岭土鸡是经多年遗传育种改良工程而成的优质三黄土鸡种。外貌具三黄特征、体型紧凑、脚小骨细、胴体漂亮、皮下脂肪沉积佳、风味独特;生长速度适中,饲料利用效率较高;对各种环境适应性强，耐粗饲，抗应激能力强，惰温驯；善于自我觅食，适合放养和散养。

（三）北京油鸡

北京油鸡是北京地区特有的肉蛋兼用型地方优良品种，已有300 余年饲养史，肉质细致，肉味鲜美，蛋质上乘，适应性强，遗传性稳定。

北京油鸡原产地在北京城北侧安定门和德胜门外的近郊一带，以朝阳区所属的大屯和洼里两个乡最为集中。其邻近地区，如海淀、清河等也有一定数量的分布。20 世纪 50 年代，北京油鸡曾输出到东欧国家。

据民间相沿传说，北京油鸡这一品种在清朝中期即已出现。北京是元、明、清等王朝的都城，特别是明、清两代的王公贵族，对品质特优的禽产品有较大的需求，这是促使北京家禽良种形成的重要因素之一。

北京油鸡产区位于北京的近郊，地势平坦，水源充足，土质肥沃，农业生产以粮菜间作为主。农作物有小麦、玉米和水稻等。这就为油鸡的生长提供了良好的物质条件。当地农民长期参与城乡间的集市贸易，为了满足消费者对鸡肉、蛋品和观赏爱好等方面的特殊需要，逐渐积累了鸡的繁殖、选种和饲养管理等经验，经过长期选择和培育，从而形成了这一外貌独特、肉蛋品质兼优的地方优良鸡种。

新中国成立前，北京油鸡剩余不多，濒于绝种。20 世纪 50年代初期，北京农业大学曾以油鸡为母本，开展了杂交育种的研究工作。20 世纪 70 年代中期以来，中国农业科学院畜牧研究所和北京市农林科学院畜牧兽医研究所相继从民间搜集油鸡的种鸡，进行了繁殖、提纯、生产性能测定和推广等工作，从而使这一品种得以保存。

北京油鸡体躯中等，羽色美观，羽色主要为赤褐色和黄色。

赤褐色者体型较小，黄色者体型大。雏鸡绒毛呈淡黄或土黄色。冠羽、胫羽、髯羽也很明显，很惹人喜爱。成年鸡羽毛厚而蓬松。公鸡羽毛色泽鲜艳光亮，头部高昂，尾羽多为黑色。母鸡头、尾微翘，胫略短，体态敦实，其尾羽与主、副翼羽常夹有黑色或以羽轴为中界的半黑半黄的羽片。北京油鸡羽毛较其他鸡种特殊，具有冠羽和胫羽，有的个体还有趾羽。不少个体下颌或颊部有髯须，故称为"三羽"（凤头、毛腿和胡子嘴），这就是北京油鸡的主要外貌特征。

北京油鸡冠型为单冠，冠叶小而薄，在冠叶的前段常形成一个小的"S"状褶曲，冠齿不甚整齐。具有髯羽的个体，其肉垂很少或全无。头较小。冠、肉垂、脸、耳叶均呈红色。眼较大，虹膜多呈棕褐色。喙和胫呈黄色，喙的尖部微显褐痕。少数个体分生五趾。赤褐羽油鸡，羽色深褐，冠羽大而蓬松，常将眼的视线遮住，这种鸡主要分布在安定门外的北顶、小关、大屯等地区。黄羽油鸡的羽色呈淡黄或土黄色，主要分布在海淀区大钟寺一带。相传北京油鸡尚有豇豆白色、黑、白和灰色羽毛的类型，但目前已很难见到。

北京油鸡的生长速度缓慢。屠体皮肤微黄，紧凑丰满，肌间脂肪分布良好、肉质细腻，肉味鲜美，适于多种烹调方法，为鸡肉中的上品。其初生重为38.4克，4周龄重为220克，8周龄重为549.1克，12周龄重为959.7克，16周龄重为1228.7克，20周龄的公鸡重1 500克，母鸡重1 200克。该鸡采食量较少，从初生到8周龄，平均每只日采食量不足30克。

北京油鸡开产日龄170天，种蛋受精率95%，受精蛋孵化率90%，雏鸡成活率约97%，雏鸡死亡率约2%，年产蛋量约120枚，蛋重约54克，蛋壳颜色为淡褐色，部分个体有抱窝性。

雏鸡的长羽速度较慢。8周龄时，羽毛尚未长齐。但该鸡的第二性征表现较早，在4周龄时即可较明显地区分公母。

北京油鸡性成熟期较晚，在自然光照条件下，公鸡2~3月龄开啼，6月龄后，精液品质渐趋正常。母鸡7月龄开产，开产体重为1 600克。在农村放养条件下，每只母鸡年产蛋量约为110枚，当饲养条件较好时，可达125枚。平均蛋重约为56克。每只母鸡的年产蛋总重量约为7千克。蛋壳褐色，有些个体的蛋壳呈淡紫色，素有"紫皮蛋"之称。蛋壳的表面覆布一层淡的白色胶护膜（俗称"白霜"），色泽格外新鲜。蛋壳强度为0.313兆帕。蛋壳厚度为0.325毫米，蛋形指数为1.32。鲜蛋的哈氏单位为85.4。蛋的品质的各项指标均达到较高的水平，深受群众喜爱。

北京油鸡一般在每年的3~7月进行繁殖，由孵化场从农户中收购种蛋，采用电气孵化，推广种雏。也有少数农户经营季节性的炕孵。在采留种蛋期间，鸡群的公母比例一般为1：（8~10）。农村的种蛋受精率均在80%以上。专业场的种蛋受精率和孵化率均可超过90%。

北京油鸡有明显的就巢性，一般出现在5~7月，而以7月为最多。就巢的持续期，短者为20天左右，长者可达2个多月。雏鸡的适应性较强，在正常的饲养管理条件下，2月龄的成活率均可达到95%左右。

北京油鸡是我国一个珍贵的地方鸡种，它可作为改善肉质、提高蛋品质量的良好母本，但在今后选育和利用的工作中，必须克服产蛋量较低、有就巢性、初期生长缓慢等缺点。

（四）寿光鸡

寿光鸡原产于山东省寿光县稻田乡一带，以慈家村、伦家村饲养的鸡最好，所以又称慈伦鸡。该鸡的特点是体型大、蛋大，属肉蛋兼用的优良地方鸡种。寿光鸡肉质鲜嫩，营养丰富，在市场上，常以高出普通鸡2~3倍的价格出售，是高档宾馆、酒店、全鸡店和婚宴上的抢手货。

寿光鸡通常有大型和中型两种，少数为小型。大型寿光鸡外貌雄伟，体躯高大，体型近似方形。成年鸡全身羽毛黑色，有的部位呈深黑色并闪绿色光泽。单冠，公鸡冠大而直立；母鸡冠形有大小之分。颈、趾灰黑色，皮肤白色。初生重约为42.4克，大型公鸡成年体重约为3609克，母鸡约为3305克，中型公鸡体重约为2875克，母鸡约为2335克。

据测定，公鸡半净膛为82.5%，全净膛为77.1%，母鸡半净膛为85.4%，全净膛为80.7%。开产日龄大型鸡240日以上，中型鸡145日。产蛋量大型鸡年产蛋117.5枚，中型鸡122.5枚。大型鸡蛋重为65~75克，中型鸡为60克。蛋形指数大型鸡为1.32，中型鸡为1.31。蛋壳厚大型鸡为0.36毫米，中型鸡为0.358毫米。壳褐色，蛋壳厚度为0.36毫米，蛋形指数为1.32。

寿光鸡是我国的地方良种之一，遗传性较为稳定，外貌特征比较一致，就巢性弱。但还存在着早期生长慢、成熟晚、产蛋量少等缺点。今后应加强本品种选育，保存优良基因，在本品种内培育具有不同特点的品系，进行品系杂交，以进一步发挥其生产性能。

（五）济宁百日鸡

济宁百日鸡主要分布于山东省济宁市郊、汶上、嘉祥、金乡、泗水等县。据统计，2002年存栏量为13万~15万只。

济宁百日鸡属蛋用型鸡种。体型小而清秀，背部呈U字形。多为平头，凤头仅占10%。母鸡有麻、黄、花等羽色，以麻鸡为多。麻鸡头颈羽麻花色，其羽边缘为金黄色，中间为灰或黑色条斑，肩部和翼羽多为深浅不同的麻色，主、副翼羽末端及尾羽多呈黑色。红羽公鸡约占80%，黄羽公鸡次之，杂色公鸡甚少。公鸡尾羽黑色，且闪有绿色光泽。单冠，公鸡冠高直立，冠、脸、肉垂鲜红色。胫色有铁青色和灰色两种。皮肤多为白色。

（六）华北柴鸡

华北柴鸡是我国北方地区的一个优良地方品种，属肉蛋兼用型，体型外貌呈多样化，一般 180 日龄体重为 1.5 千克，耐粗饲，适应性强，觅食性强，对疾病的抵抗力强，肉质细嫩，肉味鲜美。

华北柴鸡外观体型清秀，头尾上翘，羽毛紧凑，羽色有深麻、浅麻、黑色、浅花，偶尔也有白色和其他一些杂色羽毛，其中以深麻、浅麻为主。冠为单冠，冠形大小中等，厚实、直立。脸、耳叶均为红色，胫上无毛，胫色有青色和白色两种，皮肤为白色。蛋色为浅粉色，蛋形较长，小头较尖，蛋重较小。蛋清黏稠，蛋黄为杏黄色，颜色较深，卵黄膜韧性较强，一般打开后可用筷子夹起蛋黄而不散。一般开产蛋重 33 克左右，高峰后蛋重 45 克左右。

（七）黄山黑鸡

黄山黑鸡是安徽省特有的地方品种，全身羽毛黑色，胫为青黑色，皮肤和肉色均呈白色，抗病性强，易于饲养，毛色鲜亮。其肉滋补性强，味道鲜美，深受当地农民的喜爱。在民间，素有冬季食黑鸡进补的习俗。食黑鸡还能治疗头昏、头痛。"斤鸡马蹄鳖"中的"斤鸡"指的就是刚开啼的黑鸡仔公鸡，多用于儿童进补。

三、规模化散养柴鸡场的建场要求

规模化柴鸡场建场应主要考虑柴鸡的生物安全，要选择高燥的地方，可选择避风向阳的斜坡山地，但要确保排水方便。也可选择树木成林、青草遍地的地带。场址应远离污染的水源，以防止疫病传播。有流动的山泉的山地应是场址的最佳选择。

（一）柴鸡场场址选择的要求

（1）水源不被污染，最好能使用深 160 米以上的深井水，确保水量在夏季使用水帘时能充足供应。

（2）距离村庄3 000米以上，距离肉联厂、集贸市场、其他饲养场都要在5 000米以上。

（3）育雏舍应具备良好保温设施，墙体与屋顶都需用保温材料处理。

（4）育雏舍内与舍外必须铺设水泥路面，可延长鸡场使用寿命，减少感染疫病机会。

（5）所有进风口和门窗都要有防蝇虫和飞鸟的设备，匀风窗上要钉窗纱，进入口要有门帘，以防蚊蝇进入。

（6）生产区内不能有污水沉积的地方，要有良好的排水系统。

规模化柴鸡场是由育雏育成场和舍外运动场地配套而成。育雏场的柴鸡舍的规格为宽6米，长30米，高4.5米。肉用鸡、产蛋鸡和种用柴鸡的夜间休息和产蛋室规格为宽8米，长30米，高4.5米。柴鸡舍和产蛋室均要求保温性能良好，有通风和保温设备。肉用鸡的饲养量通常为2600~3000只。蛋用鸡的饲养量为2000~2200只。种用鸡的饲养量为1800~2000只。饲养方式是全棚架上饲养，产蛋箱在棚架上摆放。肉用柴鸡可以用厚垫料饲养法。采用人工加料，乳头自动饮水器供水。

（二）柴鸡场用途分类

柴鸡场按柴鸡的用途可分为肉食用柴鸡场、蛋用柴鸡场和种用柴鸡场。

1. 用作肉食用的柴鸡饲养场应具备下列条件

（1）要建有晚间休息舍和舍外活动场。晚间休息舍每平方米应可容纳12~15只柴鸡休息，用棚架支起，以500只柴鸡为一个小单元，可建在舍外活动场周围。

（2）舍外活动场所饲养密度为0.5~1只/米^2。要做好场地的排水工作。

（3）确保舍外活动场 10 米内有 1 个水位。料位应设在晚间休息室前，每只柴鸡应有 10 厘米料位。

（4）隔离网应建成两道：一道是防盗网，网高 2 米以上，以金属网为宜。网内 5 米可用简易材料再建一道。放养场地确定后，要选择尼龙网围成高 1.5 米的封闭围栏，鸡可在栏内自由采食。围栏面积根据饲养数量而定，一般每只鸡平均占地 8 平方米。

（5）鸡舍的搭建，选择地势高、干燥、排水良好、距离道路 500 米以上的地方，也可选在树林中或林地边，朝向应坐北朝南。

2. 作为蛋用的柴鸡饲养场应具备下列条件

（1）要建有晚间休息舍和舍外活动场。晚间休息舍每平方米应可容纳 8~12 只柴鸡休息，用棚架支起，以 500 只柴鸡为一个小单元，可建在舍外活动场周围。

（2）舍外活动场所饲养密度为 0.1~0.5 只/米^2。要做好场地的排水工作。

（3）确保舍外活动场 10 米内有 1 个水位，料位应设布在晚间休息室前，每只柴鸡应有 10 厘米料位。

（4）隔离网应建成两道：一道是防盗网，网高 2 米以上，以金属网为宜。网内 5 米可用简易材料再建一道。

（5）在晚间休息室内准备充足的产蛋位，每 4 只准备 1 个产蛋位，可以借鉴肉种鸡平养产蛋箱的做法。

3. 作为种用的柴鸡饲养场应具备下列条件

（1）要建有晚间休息舍和舍外活动场所。晚间休息舍每平方米应可容纳 8~10 只种鸡休息，用棚架支起，以 500 只种鸡为一个小单元，可建到舍外活动场周围。

（2）舍外活动场所饲养密度为 0.1~0.5 只/米^2。要做好场地的排水工作。

（3）确保舍外活动场 10 米内有 1 个水位。料位应设在晚间休息室前，每只柴鸡应有 10 厘米料位。

（4）隔离网应建成两道：一道是防盗网，网高 2 米以上，以金属网为宜。网内 5 米可用简易材料再建一道。

（5）在晚间休息室内准备充足的产蛋位，每 4 只准备 1 个产蛋位，可以借鉴肉种鸡平养产蛋箱的做法。准备产蛋箱时应考虑到夜间休息室以外也要放置产蛋箱。

1）活动区外的产蛋箱：这些产蛋箱制作时要考虑到遮光和避雨。这些产蛋箱应摆放在活动区周围，每 20 米距离放一个可供 100 只鸡产蛋的产蛋箱。

2）沙浴池的建设：柴鸡场的饲养管理中还有一个重要的设施，每个舍外活动区要建立一个沙浴池。每个沙浴池规格为 2 米 ×5 米×0.3 米。可以供 500 只柴鸡沙浴用。沙浴池应建在高燥防水地方，池边沿高出地面 10 厘米为好。沙浴池要有好的防水措施。

保健沙石的供应：保健沙石其实也就是直径 3～6 毫米的小石子。把这些保健砂用固定的喂料器具固定供应。这些保健沙可以强化柴鸡的消化功能，是肉质鲜美的必要措施。

3）招虫灯具的准备：备一些招虫灯具，以供晚间招虫供鸡只食用。这是柴鸡饲养过程中获取蛋白质饲料的有效措施。

（三）柴鸡场基础建设

柴鸡场也同样要分为生活区和生产区，为了确保柴鸡饲养过程中有充足的饲料供应，就要有充足的活动场地（0.1～0.5 只/米^2）。柴鸡场生活区应具备办公区和贮存区，具有建筑区（鸡群休息区和生产区）和活动区（鸡只正常白天活动区）。

（四）人员配备

作为一个规模化柴鸡场，人员配备也是很关键的，其中主要人员有：

（1）场长：主管全面工作与外围协调工作，对全场负责，对投资方负责，对全场员工负责。

（2）技术员：主管生产方面的所有工作及技术管理工作，直接领导是场长。

（3）保管：主管场内的设备和物料，建账造册，防止物料与设备的丢失，直接领导是场长和投资方。

（4）水电维修工：主管水电供应，并负责生产区设备维护和保养工作，直接领导是技术员。

（5）伙房人员：负责全场员工的生活调配，直接领导是保管。

（6）饲养员：鸡舍的主要操作人员，对舍内工作负主要责任，直接领导是技术员。

鸡场巡查人员：是饲养员和伙房人员的替补人员，同时也要能弥补其他人员工作的不足，直接领导是技术员，是一个很关键的岗位。

第二章　柴鸡场的生物安全管理

生物安全管理的目的是防止病原微生物以任何方式侵袭鸡群。

一、建立良好的生物安全体系

传染病发生有三个要素：传染源、传播途径和易感动物。柴鸡的传染病发生时，除了这三个要素外还有一个关键点，就是疫病发生的诱因（导火索），也就是舍内存在一个对于柴鸡来说的重大的应激因素。每次大的疫情的发生都会有一个大的应激因素出现，诱导了疾病的发生。

柴鸡出现疫病的原因有三种：易感动物自身抵抗力减弱，传染源毒力增强和重大应激因素（诱因）。解决问题的方法有两个：建立良好的生物安全体系和进行舍内小气候控制。

良好生物安全体系的好与坏是柴鸡场经营得好与坏的直接原因，是柴鸡饲养的成败的关键。

要建立一个良好的生物安全体系，应首先制定出一套符合本场条件的卫生防疫消毒制度，该制度要与场内硬件设施配套。

柴鸡场的卫生防疫消毒制度包括以下三个方面：①柴鸡场的隔离：坚决彻底地杜绝外源性病原微生物进入本场，彻底切断传染病的传播途径。②柴鸡场的消毒：最大限度地消灭本场病原微生物。③消灭传染病病原的程序：柴鸡自身抵抗力的提高，通过防疫、保健、舍内小气候控制来提高鸡自身对疫病的抵抗力，给鸡群创造良好的环境条件。

柴鸡场建筑应远离其他畜禽饲养场、屠宰场5千米以上，远离可能运输畜禽的公路5千米以上。鸡场内房舍和地面应为混凝土结构，以防止老鼠打洞进入鸡舍。育雏舍内房舍应严格密封，防止飞鸟和野生动物进入鸡舍。

柴鸡场每天门口大消毒一次，进场物品消毒后存放。进场人员按下列程序入内：脱去便服，存放在外更衣柜→强制喷雾消毒→淋浴10分钟以上→更换胶鞋和隔离服→入场。

柴鸡场封闭管理可以减少外源性病原微生物进入的机会。封闭式管理就是减少人员进出，进入物品严格消毒。人员进出过多会增加病原微生物入场的机会。

若不封场管理，生产区、生活区应严格分开，并做好以下几个方面：

（1）生活区、生产区两套洗澡间。

（2）员工申请后方可出场，生产区备工作服，生活区备隔离服，工作服与隔离服应有明显标志。

（3）生活区洗澡间柜子配锁，带来的所有物品锁入柜中，不准带入生活区（贵重日常用品经主管同意，消毒后带入）。

（4）人员消毒、洗澡后进入生活区隔离48小时（人员、物品配备到位）。

（5）严格规范生产区与生活区的隔离带及进出办法。

（6）杜绝将私人物品带入生产区。

（7）入生活区物品严格消毒。

（8）生产工作服绝对不能穿出生产区。

（9）制定生活区定期消毒制度。

人员回来可能携带病原微生物，携带病原体入场的方式有以下几种：通过呼吸道与消化道带入，人体表面带入，衣服带入，日常物品带入，交通工具带入。

更换工作服是柴鸡生物安全的关键措施，它的效果远强于喷雾消毒的效果。真是做不到更换工作服的话，换鞋是必需的，这样会杜绝很多泥土里的病原传入鸡场。

严格按生产区的隔离消毒制度和生产区门口进入程序进入生产区；以本场实际情况制定进入生产区的消毒程序，并制定详细管理办法。

入生产区管理办法还有以下几点：车辆严禁入内；必需进入生产区的车辆冲干净、消毒后，司机下车洗澡消毒后，方可开车入内；非生产物品不准入生产区内；生产必需品进入生产区，必须严格消毒。

活动场地外要有双层隔离带，两隔离带之间要有 10 米以上距离。应避免柴鸡的外逃，同时还要避免柴鸡受到传染病污染。

常用消毒方法主要有以下几种：

（1）机械消毒，也就是彻底清理干净含有病原体的鸡粪、鸡毛和垃圾。

（2）火焰消毒，就是使用火焰消毒机烘干和烧烤金属笼具、地面和墙壁。

（3）生石灰水消毒。

（4）化学药剂喷洒消毒。

（5）福尔马林熏蒸消毒，养禽户可视具体情况选用。

在每批鸡出售后，立即清除鸡粪、垫料等污物，并堆在鸡场外下风处发酵，用水洗刷鸡舍、墙壁、用具上的残存粪块，其次以动力喷雾器用水冲洗干净，如有残留污物则大大降低消毒药物的效果；同时清理排污水沟；用两种不同的消毒药物分期进行喷洒消毒；最后把所有用具及备用物品全都密闭在鸡舍内或饲料间内用福尔马林、高锰酸钾作熏蒸消毒（每立方米用 42 毫升福尔马林，21 克高锰酸钾，加热蒸发）。这样可基本杀灭细菌、病毒等，密封一天后打开门窗换气。消毒时，每次喷洒药物等干燥后再进行下次消毒处理。否则，影响药物效力。

二、舍内小气候控制

给鸡群创造一个良好的生长环境，提高自身抵抗力。所有疾病的发生，都会有一个诱因存在或出现过，这个诱因就是疾病发生的原因所在，这个原因就是管理中存在的问题。所有疾病发生的原因都少不了管理中的工作失误。

另外要防止柴鸡逃跑。防止柴鸡逃跑的办法就是用双道隔离网，外侧隔离网可以用镀塑胶的金属网，内侧 2 米内再拉一道塑料网。

第三章　接雏准备期的管理办法

一、接雏前的隔离与消毒

接雏前对鸡舍进行第一次消毒，先将过氧乙酸或其他消毒液按说明书浓度进行稀释，每立方米空间用量为300毫升。这样消毒还能起到加湿作用，因为育雏前几天需要较高的湿度。

所有进入鸡舍的物品必须经过两次以上消毒。通过空气、人员和物品等途径均可将病原微生物带入舍内。对物品入舍时的消毒是必需的。

垫料的危害有两点：垫料均是露天存放的，外来鸡和野鸟经常在上面觅食，其中的危害可想而知；运输的袋子有可能重复利用，场与场之间周转是有可能的。

按育雏育成量要求准备充足的育雏笼，进行安装调试，调节好舍内育雏温度及供水供料设备。

熏蒸消毒有两种：一种是以甲醛为主的熏蒸消毒，另一种是菌毒安消毒剂（三氯异氰尿酸粉）熏蒸消毒。

熏蒸消毒必须具备4个条件：舍内温度不低于25℃，舍内湿度不低于70%，严格的鸡舍密封，鸡舍育雏期所有物品备齐。

熏蒸消毒中的4个必须具备的条件是很关键的，达不到4个条件，消毒效果会大打折扣。首先说温度，若温度达不到25℃以上，许多病原体处于休眠状态，熏蒸消毒不能有效地把病原体杀死，所以作用就不会太明显。一定的湿度也是为了增加病原体的活力，使消毒达到最优化。密封的作用是为了让舍内消毒剂浓度达到消毒要求，同样也确保消毒时间能达到标准时间要求。备齐物品是为了在这次决定性大消毒中对所有物品一并消毒。

消毒药甲醛的用量：新鸡舍 42 毫升/米^3，旧鸡舍 56 毫升/米^3。用法有两种：①化学反应法：用甲醛量半量的高锰酸钾与甲醛反应进行熏蒸消毒；②自然挥发熏蒸消毒法：用甲醛量 1.5 倍量的水与甲醛混合后对垫料喷洒熏蒸消毒。

消毒药菌毒安消毒剂的用量：新鸡舍 5 克/米^2；旧鸡舍用甲醛 7 克/米^2。使用时把大小两包混匀兑在一起，均匀放到鸡舍中用火机点燃即可。

每次接雏前要根据本场实际情况，制定出本场育雏期的卫生防疫消毒制度，必须严格对待育雏期的消毒工作，因为雏鸡育雏期没有免疫力或没有达到抵抗疫病的要求，只有通过严格消毒来预防疫病的发生。

二、控制适宜饲养密度

柴鸡饲养密度是否合理，对养好柴鸡和充分利用鸡舍有很大关系。饲养密度过大时，舍内空气质量下降，引发传染病，还导致鸡群拥挤，相互抢食，致使体重增长不均，夏季易使鸡群发生中暑死亡。饲养密度过小，棚舍利用率低。柴鸡的饲养密度要根据不同的日龄、季节、气温、通风条件来决定，如夏季饲养密度可小一些，冬季大一些。

现代饲养密度应包含三方面的内容：一是每平方米面积养多少只鸡，二是每只鸡占有多少食槽位置，三是每只鸡的饮水位置。

适宜的饲养密度是提高柴鸡生产成绩的重要因素之一。密度过高，会造成鸡舍环境控制困难，鸡发病率高，饲草供应不足，成本投入增加，生产性能下降等；密度过小，则又造成浪费。此外，密度与品种、季节、气温、通风条件等密切相关，所以密度管理同样要灵活掌握，饲养过程中要做到及时扩群，使其适应在运动场上及野外的生存能力。

三、鸡苗质量的管理

主要通过看、摸、听。一看：外形大小是否均匀，30克以上者符合品种标准；羽毛是否清洁整齐，富有光泽；眼大有神，腿干结实，活泼好动，腹部收缩良好。二摸：手摸雏肌肉是否丰满，肌肉应柔软富有弹性，脐部没有出血点，握在手里感觉饱满温暖，挣扎有力。三听：听叫声是否清脆响亮。

雏鸡运输中要求运输雏鸡的车辆必须具备下列条件：

（1）保温性能良好，并具有良好通风设备，能保证车上出雏盒内温度控制在22～30℃。

（2）确保车况良好，否则不能使用。

（3）夏季最好使用空调车运输鸡苗。

（4）司机应懂得运输鸡苗的相关知识。

（5）运输鸡苗应有详细记录，包括装车时间、柴鸡场提供鸡苗的柴鸡周龄、雏鸡母源抗体情况、建议免疫程序和用药程序等。

四、接雏前的准备工作

高温区的建立：

（1）鸡舍前端10～15米（避开水帘处最好）留空不养鸡，待20日龄后分笼到全舍时再使用。

（2）在门口处设2米高的挡风帘，在空留网架与育雏区设第二道保温帘。切记网架下用塑料布或料桶吊着，使其不透风。

（3）在高温区炉管上方使用逆向风机，扩大地炉散热速度。

（4）当鸡只20日龄向前扩栏到全栋时，第二道保温帘应移至笼前。

育雏前 2 周的笼底要用小眼塑胶网铺垫，以防止腿病的发生。

高密度育雏的准备：按每平方米 90~100 只（育雏前 5 天密度的 2 倍）高密度育雏前一天，按比例放入真空饮水器。接着做好育雏区的保温工作，在育雏区与全鸡舍之间用塑料布隔离开，以确保育雏期温度适宜。

柴鸡育雏如采用 4 层笼育，每笼面积为 0.45 平方米，开始每个笼子可放 45 只，先放上面两层笼，下面两层待密度增大时再使用。育雏结束时每笼不能超过 25 只。如采用地面垫料育雏，每群以 250~300 只为宜，开始时可用木板将雏鸡隔成小群，防止挤压，避免发生啄癖。小规模饲养场可以使用厚垫料饲养法进行育雏育成管理，使雏鸡尽早适应地面活动。

进雏前 10 小时备好开水，按每只鸡 10 毫升去准备，同时算好加入的所有药品的量。雏鸡经过长时间的路途运输，饥饿、口渴，身体条件较为虚弱。为了使雏鸡能够迅速适应新的环境，恢复正常的生理状态，可以在育雏温度的基础上稍微降低温度，使温度保持在 27~29℃。这样，能够让雏鸡逐步适应新的环境，为以后正常生长打下基础。

高温与低温都会严重刺激雏鸡食欲，使温度和湿度更难以控制。同时高温也会造成员工因出汗偏多而过于劳累等，所以不能让雏鸡形成在高温处饲养才能正常生长的条件反射。

有人认为提高育雏温度有利于提高雏鸡成活率，其实不然。要想雏鸡成活率提高，不是提高温度，而是控制好温差，昼夜温差和舍两头之间温差不能高于 2℃。1~3 日龄设定鸡舍温度为 31℃。恒定舍内温度为 30~32℃，不受温差的影响，鸡群的成活率自然提高。

保持舍内湿度在 60% 以上，这样做的目的是为了让长途运输的鸡群在合适温度下，湿润空气中，喝上水吃上料后，再把温度提高到 30～32℃。前一个半小时加饮水器加料，饮水器加好后，把湿拌料均匀撒入小育雏栏内，开始准备接雏前准备工作。

提高湿度的办法：舍内地面洒水，同时进行一次舍内大消毒，热源处放水让其自然蒸发。这些都有利于舍内湿度的提高。但也要确保湿度能在控制范围内。同时接雏前一天，用水把墙壁全部冲湿，最好能把墙壁湿透，这样就能确保舍内接雏时的湿度。

五、接雏时雏鸡和人员的安全

接雏时的安全有以下几点：生物安全、鸡苗安全和人员安全。

生物安全方面主要是长途运输中可能会造成传染，也可能会把孵化场病原体带入鸡场。必须做好进场车辆的消毒和进舍时出雏箱表面消毒。

鸡苗安全主要是指经过长途运输的雏鸡有可能会出现缺氧、闷热和受冻致死的现象，车到后以最快速度把鸡放到合适温度的鸡舍内。均匀地把鸡苗尽早放出是关键，时间就是生命。

人员安全也是很重要的，要防止煤气中毒的发生和意外伤亡。

柴鸡育雏期 0～3 周是心血管系统、免疫系统快速发育期和羽毛、骨骼、肌肉启蒙发育阶段。但 1 周内的心血管系统、免疫系统、呼吸系统和消化系统的启蒙发育更为关键，尽早开水开食有利于消化系统快速发育。

柴鸡舍在育雏期的前两周内尽量减少化学药品和抗生素类药品的使用，以控制其对种雏鸡实质器官的伤害。4～8 周是羽毛、骨骼、肌肉快速发育阶段。12～14 周是柴鸡性腺启蒙发育期，柴鸡此阶段均匀度是很重要的。15～18 周是柴鸡性腺发育高峰期，合理周增重显得非常重要。

雏鸡入舍时注意事项：每栋称 10 盒，算出初生重并记录，由栋长把关，统计好每栏盒数，并分清大小鸡；接雏前加入开食的料和水，做好开食准备工作；抽查鸡数，定下抽查盒数后，一人把盒子逐只打开，振动雏鸡盒，让鸡自由活动。数据分清楚后，随时按笼内数量把雏鸡转入育雏笼内或者均匀放入育雏区内。

六、开水开食的管理要求与操作管理办法

1. **开水开食和接雏时饲养笼内的密度**　接雏最初的前一天的密度很关键，一般按每平方米 90~100 只，也就是育雏前 5 天的饲养密度的 2 倍。

2. **高密度饲养的原理**　雏鸡是学着抢着吃食的，就像老母鸡教雏鸡吃料一样，这是它们从祖代传下来的，所以合适的高密度饲养有利于所有雏鸡都学会吃料，而且能尽早吃饱料。做法是把所有的育雏面积都作为开食面积，铺上料袋或塑料布都行，使用拌湿的饲料开食。饲料湿度为手握成团，松开手握一下即碎为好，含水量在 35% 左右。每半个小时撒一次料，少撒勤添，驱赶鸡群活动，把所有的饮水器也都放入。

3. **雏鸡管理的目的**　雏鸡越短时间内吃饱料就越好。要使雏鸡入舍 10 个小时后饱食率达到 96% 以上、吃上料的比率达到 100%，把吃不上料和喝不上水的鸡只挑出。

4. **弱雏单独饲养**　一个好的做法就是把吃不上料和喝不上水的弱雏按每笼 45~50 只鸡/米^2 单独分开，放入一个小饮水器，周围撒入新鲜的湿料，并重点照顾它们，3~4 个小时后每只弱雏鸡就都能吃饱料了；或者把弱雏放入运雏盒内，中间放入一个小饮水器，四周放入饲料，每个盒子内放入 20 只左右弱雏，也能使弱雏变强。

5. 嗉囊与饱食率　雏鸡最初开始吃料时，都倾向于采食质高好吃的饲料，而这些饲料直接进入嗉囊。嗉囊是生长于鸡只脖颈前，颈与锁骨连接处的一个肌肉囊袋。雏鸡在吃料饮水适宜的情况下，嗉囊内应充满饲料和水的混合物。在入舍后前 10 小时轻轻触摸鸡只的嗉囊，可以充分地了解到雏鸡是否已经饮水采食。最理想的情况下，鸡只嗉囊应该充满圆实。嗉囊中应该是柔软、像稠粥样的物质。如果感到嗉囊中的物质很硬，或通过嗉囊壁能感觉到饲料原有的颗粒结构，则说明这些鸡只饮水不够或没有饮到水。

嗉囊充满（饱食率）的指标：入舍后 6 小时，80% 或以上；入舍后 10 小时，96% 或以上。

6. 1 日内育雏的重要性占柴鸡饲养全期的重要性的 50%，其实也就是使雏鸡尽早吃饱料，有以下优点　增强雏鸡对疾病的抵抗力，提高雏鸡成活率；为育成期提高均匀度打下良好的基础；控制弱小鸡的发生，为育成期提高育成率打下良好的基础；有利于提高机体心血管系统和免疫系统的快速发育；同样也有利于卵黄囊按时吸收完，这样可以把母源抗体逐渐释放出去，增强雏鸡抗病能力。

7. 雏鸡"初乳"营养——卵黄囊的充分吸收　雏鸡出壳后的第一周内经历了从内源性营养（卵黄囊）过渡为外源性营养（饲料）的转变，是一生中最为重要的阶段。雏鸡 0～3 日龄的营养主要来自卵黄囊，4～7 日龄是卵黄囊营养转为饲料营养的过渡阶段，8 日龄后营养完全来自饲料。在实际养殖过程中常发现雏鸡的卵黄囊吸收不良。长途运输、阴雨天气、育雏温度低、湿度大、饲料不易消化、应激等原因都可造成卵黄囊吸收不良。卵黄囊含有的丰富的卵黄脂是中枢神经发育的必需物质，残留的卵黄蛋白是非常珍贵的先天性免疫物质，大约占卵黄囊的 7%，同时含有大量维生素和微量元素。研究表明，雏鸡充分采食有利于卵黄囊的吸收，因此说明卵黄囊就是雏鸡的"雏乳"，可见其重要性。

8. 体重控制原则——"5 周定终生" 各育种公司都制定了各自商品蛋鸡的标准体重，如果雏鸡在培育过程中，各周都能按标准体重增长，就能获得较理想的生产成绩。由于长途运输、环境控制不当，各种疫苗的免疫、断喙、营养水平不足等因素的干扰，一般在育雏初期较难达到标准体重。除了尽可能减轻各种因素的干扰，减轻雏鸡的应激外，必要时可提高雏鸡饲料营养水平，而在雏鸡体重没达到标准之前，即使过了 6 周龄，也仍然应该使用营养水平较高的雏鸡料。5 周龄体重能否达标对终生生产性能的发挥至关重要，5 周龄体重和 72 周总产蛋数相关系数为 0.93，5 周龄体重和开产体重也有很强的相关性。海兰褐雏鸡 5 周龄体重 390 克，罗曼褐雏鸡 350～440 克。肉种鸡要密切注意 2 周龄和 4 周龄体重，在 2 周龄体重要达到标准或者超过标准体重，4 周龄要达到标准体重。2 周龄体重 AA + 母雏 200 克，罗斯 308 母雏 215 克。

9. 饲料营养供应——选择高品质雏鸡开口料 雏鸡在第 1 周和第 2 周体重能增长 2 倍左右，由于生长迅速而胃肠容积不大，消化机能较弱，所以必须注意满足幼雏鸡营养需要，应该用质量最好、卫生指标高的原料生产高能高蛋白的雏鸡饲料。优质雏鸡料应具备以下特点：易消化；卫生指标良好；维生素含量高，抗应激性能好。传统雏鸡饲料的根本缺点：只适用于两周后雏鸡营养需要；肉雏鸡破碎料可满足肉鸡快速生长发育的需要，但不适合生长周期长的蛋鸡和种鸡（肉鸡料油脂过高，雏鸡早期对油脂的利用率很差），杂粮加量过多；蛋雏鸡粉料，原料消化率低，卫生指标差，采食不均匀，杂粮和玉米副产物等添加量过大；自配雏鸡料，原料质量无法保证和无法精细加工。

10. 育雏的目标 育雏的目标为体重超过标准 15%，育成期目标为体重达到 1.4～1.5 千克，18～30 周龄体重超标准 10%，30 周龄以后超标准 5%，高峰期 8 个月以上，淘汰时体重 2 千克以上。

11. 1 周内的管理重点 让每只雏鸡在最短时间内吃饱料，不惜一切代价刺激食欲。确保 1 周后雏鸡体重超标准 10 克以上。

12. 柴鸡舍温度的控制办法 接雏前两小时到接雏后两小时温度控制在 27～29℃；1～3 日龄温度控制在 30～32℃；4～7 日龄温度控制在 29～31℃；1 周内每天 0.4℃下降进行控制，使舍内温度降到 24℃左右（25℃以下的温度有利于控制舍内有害细菌的繁殖，25℃以下的舍温大多数病原微生物处于休眠期，病原微生物活力差，所以温度低于 25℃有利于控制疾病的发生），以后不再下降温度。柴鸡饲养管理中温度和温差的控制至关重要，舍内温度高低直接影响到柴鸡的采食量的大小和柴鸡群的健康状况，同样也就影响到其正常增重。高温会使柴鸡采食量下降，同样也会造成员工易疲劳的情况。低温的影响也是巨大的。

13. 柴鸡育雏育成期饲养方式 分两种：笼养和平养。

（1）笼养。随着雏鸡的生长发育，应逐步降低鸡舍温度，进行分笼管理。

作为笼养的柴雏鸡，要想把雏鸡养好合理分笼是管理的重点，柴鸡育雏育成时合理的饲养密度是管理的关键，那就是合理分笼。

合理的饲养密度如下：1 日龄笼内饲养密度为 90～100 只/米²；2～10 日龄为 45～50 只/米²；11～25 日龄为 22～25 只/米²；26 日龄后把雏鸡转到全舍的笼内。

分笼的管理重点：按时分笼，合理控制上下层温度，以达雏鸡能适应的范围内，确保雏鸡安全生长。

（2）平养时各管理要点。同笼养。

温度的高低与雏鸡的体重和饲料转化率密切相关。低温使雏鸡的饲料消耗量增加、耗氧量增加，易引发腹水症。

在生产中，育雏前期雏鸡舍内温度高，雏鸡排泄量小，相对湿度经常会低于标准。所以必须采取舍内补充湿度的措施，如可以向地面洒水，在热源处放置水盆或挂湿物，往墙上喷水等。育雏中期，育雏舍相对湿度经常高于标准，使垫料板结，空气中氨气浓度增加，饲料发霉变质，病原菌和寄生虫繁衍，严重影响柴鸡的健康。因此，日常要注意管理，加强通风换气，勤换垫料，不向地面洒水，防止饮水器漏水等。

做好育雏期物品准备工作，提高舍内湿度，绑好育雏栏和高密度开食栏。

七、育雏的准备及接雏方法

育雏舍应有足够的取暖设备和良好的保温条件。1 日龄的雏鸡所处的温度应该达到 32℃，应控制在 31 ~ 33℃（取决于空气温度、通风情况）。雏鸡所处的温度达不到这一要求，将会明显增加死淘率，并影响以后的发育和鸡群的健康。因此应准备育雏围栏及保温伞，或者采取局部育雏，并随日龄的增加逐渐扩栏的方法，以保证雏鸡在适合的温度条件下快速生长发育。确保 1 周龄的雏鸡体重超过标准体重 10 克，1 周内的体重决定以后产蛋生产性能的高低。

雏鸡也需要一定的通风条件，这个通风的作用只是为雏鸡提供新鲜空气，新鲜的空气对雏鸡的健康有重要的意义。在保证温度满足要求的前提下，应尽量定时换气，换气的方式可以采用机械通风，也可以自然通风。使用机械通风应注意风速不要太高，但应增加通风供氧的次数，这对鸡群的健康有重要意义。

雏鸡到达前，应使鸡舍内的温度升至要求的温度。在寒冷地区或季节提前一天就要开始预温鸡舍，这样做是为了让舍内墙壁达到预期的温度，而不只是舍内空气温度达到标准，以保证在雏鸡到达时鸡舍内温度就已达到理想的温度。同时对鸡舍墙壁洒水，以确保舍内墙壁的湿度，这是提高湿度的一个好方法。应将清洗消毒好的饮水器、饲喂器及所有用具事先准备充分，并提前做好鸡舍及设备的维修工作。进鸡后，过多的噪声及物品、人员的频繁进出，会对鸡群的健康造成威胁。

雏鸡到达之前3~4小时，应将饮水器充水并放在舍内预温，我们建议第一次的饮水中应加入5%~10%浓度的葡萄糖，并在第1周的饮水中加入一定量的维生素和矿物质，以保证雏鸡经长途运输到达鸡场后能健康生长。首次加水一定要加入开食药品，防止脐炎和大肠杆菌病的发生。

鸡舍内的饮水器和料盘应分布均匀，使鸡很容易在其附近就找到水和饲料，按高密度育雏的方法进行即可。

应将饮水器放到木块或砖块上，以免饮水器放置过低造成过多垫料带入水盘，并弄湿垫料。同时要注意高密度开食时，饮水器之间距离不得超过1米，这样才能保证雏鸡入舍时，达到低头吃料、抬头饮水的效果。

雏鸡到达后，应将雏鸡迅速从运输车上移至舍内，并快速清点盒数，确认实际盒数与通知的起运盒数是否相同。

放到鸡舍内的雏鸡，要注意鸡盒的叠放高度不能超过两盒，此时鸡舍内温度较高，鸡盒内鸡的密度很大，极易造成雏鸡热死在盒内。发现温度太高，或雏鸡有张嘴喘气的现象时，应立即开窗或开启风扇通风。雏鸡入舍后立即打开雏鸡盒盖子，让雏鸡自由活动。

将雏鸡尽快从鸡盒内拿出放在栏内并清点数量。进雏数量较多但人员有限时，此时最好不要逐只助饮，以免雏鸡在鸡盒内滞留时间过长，造成意外伤害。但若人员充足，每只助饮是良好的选择。

雏鸡全部放完后，应选择一定比例的雏鸡，把雏鸡的嘴浸入饮水器中引导饮水，使雏鸡尽快认识饮水器并学会饮水，以免脱水。个别雏鸡学会饮水后，其他的雏鸡会很快模仿学会饮水，因而柴鸡规范化饲养中100%雏鸡引导饮水不是必需的。可以采取助饮的方法，但要确保舍内不能高温，同时要确保1小时内全部雏鸡助饮完为好。

雏鸡开食时，为避免雏鸡暂时营养性腹泻和有助于排除胎粪，可以喂给每只鸡1～2克小米或碎大米（够1小时采食完即可）。采食完4小时后再喂给饲料，可明显减少"糊屁股"的现象，但这一点不是必需的，几天后这种现象可自然消失。同时还有一种更好的办法：第1天的料量按每只鸡10克去准备，用12%的微生态制剂拌料则可以预防上述现象。同时，雏鸡在吃料前消化系统应是很洁净的，这时用微生态制剂，使有益菌群首先占据消化系统，这样也可以抑制有害菌群繁殖过快，所以使用微生态制剂是明智的选择。

无论采用何种育雏方式，都必须满足鸡对水、温度、湿度、光照、空气、饲料营养、环境等基本要求。雏鸡能否及时饮到水是很关键的。由于初生雏从较高温度的孵化器出来，又在出雏室内停留，其体内丧失水分较多，故适时饮水可补充雏鸡生理上所需水分，有助于促进雏鸡的食欲，帮助饲料消化与吸收，促进粪的排出。初生雏体内含有75%～76%的水分，水在鸡的消化和代谢中起着重要作用，如体温的调节、呼吸、散热等都离不开水。鸡体产生的废物如尿酸等的排出也需要水的携带。生长发育的雏鸡，如果得不到充足的饮用水，则增重缓慢，生长发育受阻。初生雏初次饮水称为开水，现在管理要求柴鸡饲养管理中开水与开食要同时进行，一旦开始饮水之后就不应再断水。

雏鸡出壳后不久即可饮水，雏鸡入舍后即可让其饮5%～8%的糖水。研究表明，雏鸡饮糖水15小时，头7天的死亡率可降低一半。雏鸡经历长途运输，再加上种雏在孵化场内免疫和断指剪冠等一系列操作，饮糖水效果会更加明显。在 15 小时内要饮用温开水，饮水时可把预防性药物按规定用量溶于饮水中，可有效地控制某些疾病的发生。15 小时后饮凉水，水温应和室温一致。鸡的饮用水，必须清洁干净，饮水器必须充足，并均匀分布在室内，饮水器距地面的高度应随鸡日龄增长而调整，饮水器的边高应与鸡背高度水平相同，这样可以减少水的外溢。雏鸡的需水量与体重、环境温度成正比。环境温度越高，生长越快，其需水量越多。雏鸡饮水量的突然下降，往往是发生问题的最初信号，要密切注意。通常雏鸡饮水量是采食量的 2 ~ 2.4 倍。

　　开食与饮水是生产上比较关键的两大问题。开食的早晚直接影响初生雏的食欲、消化，鸡只的健康和今后的生长发育。一般初生雏的消化器官在孵出后 36 小时才发育完全。雏鸡的消化器官容积小，消化能力差，越早开食越有利于消化器官的发育，并对以后的生长发育有利。由于雏鸡生长速度快，新陈代谢旺盛，过晚开食会消耗雏鸡的体力，使之变得虚弱，影响以后的生长和成活。一般开食多在出壳后，越早开食越好。

　　早开食有利于雏鸡的健康。早点开食，是为了让雏鸡尽快吃饱，有利于放慢蛋黄的吸收，使雏鸡在 6 日龄左右才完全吸收完蛋黄。饥饿会使雏鸡过分消耗体内蛋黄的营养，使腹腔内的蛋黄过早枯竭，蛋黄中携带的母源抗体也随之消退干净。尽早开食可以使雏鸡从饲料中获得营养，进而使母源抗体延期释放，这样雏鸡对疾病的抵抗力就会增加，这也是雏鸡前 10 天防病的根本。因为这时的雏鸡对疾病的抵抗力只能来自从母体中带来的蛋黄中的母源抗体。所以母源抗体的慢慢释放就成关键了，要想使母源抗体慢慢释放，就得让雏鸡体内蛋黄慢慢吸收，这使得雏鸡开食的好坏显得更为重要。

　　尽早开食是指雏鸡入舍后，在光照刺激情况下，雏鸡开始正常活动，需要消耗营养维持这些活动，这与雏鸡在出雏盒内不一样，雏鸡在雏鸡盒内是在黑暗情况下，雏鸡的许多活动都是减慢的。所以入舍后就要尽快让雏鸡喝上水、吃上料，以保证雏鸡的营养供应。作为公司管理人员，每批接雏前要制订出一份详细的育雏管理方案，在生产中严格按管理方案去做。

第四章　柴鸡的基础管理工作

柴鸡饲养是所有养禽工作中比较容易的一个项目。规模化柴鸡场饲养量大，数量多。规模柴鸡场管理人员应是最优秀的管理人员，鸡舍里的环境条件也应是最好的条件。

一、观察鸡群的动态

每天抽出半小时仔细观察鸡群。观察鸡群的姿势行为、采食情况、精神状态，触摸鸡只的肌肉丰满度，观察鸡只主翼羽脱落情况及羽毛损伤情况。

1. 观察姿势行为　健康鸡站立有神，反应灵敏，食欲旺盛，分布均匀；病鸡精神委靡，步态不稳，翅膀下垂，离群独居，不思饮食，闭目缩颈，翅下打盹。在热源处拥挤，常见于温度太低。远离热源，展翅伸脖，张口呼吸，饮水增加，常见于温度过高。行走无力，蹲伏姿势，常见于佝偻病、关节炎。腹部膨大，企鹅样站立行走，常见于腹水症。两腿麻痹，两肢一前一后伸，常见于马立克病。仰头观星，头颈僵硬，或一侧弯曲，常见于新城疫或维生素 B_1 缺乏症。

观察的时间是早晨、晚上和饲喂的时候，这时鸡群健康或病态表现明显。观察时，主要从鸡的精神状态、食欲、行为表现、粪便形态等方面进行观察，特别是在育雏第 1 周，这种观察更加重要。如果发现呆立、耷拉翅膀、闭目昏睡或呼吸有异常的雏鸡，要隔离观察，查找原因，对症治疗。

要准确记录鸡群每天的采食量、饮水量，发现有变化往往提示鸡群正在经受应激或有可能是发生疾病的前兆。

2. 观察粪便 对粪便的观察可以粗略掌握鸡群内消化道的部分疾病，应从粪便的颜色、气味、形状、黏稠度，粪便中的异物及粪便中是否带血，来判断鸡群是否正常。

要经常检查粪便形态是否正常，有无拉稀、绿便或便中带血等异常现象。正常的粪便应该是软硬适中的堆状物或条状物，上面附有少量的白色尿酸盐沉淀物。

粪便中带血呈红色多为肠胃出血引起。肠胃出血可见于急性传染病、肠胃寄生虫病等。粪便深棕红色多为胃部及肠道前段出血。粪便鲜红色多数为肠道后段出血。粪便颜色呈绿色多为急性、热性、烈性传染病引起的胆囊炎。粪便颜色呈白色多为不同原因及疾病引起肾脏及泌尿系统性疾病。粪便颜色呈黑色多为饲料中含血粉或者肠道内慢性、弥漫性出血。

一般来说，稀便大多是饮水过量所致，常见于温热季节；下痢是由细菌、霉菌感染或肠炎所致；血便多见于球虫病；绿色稀便多见于急性传染病如鸡霍乱、鸡新城疫等。

3. 听鸡看群 这是了解鸡群详情的一个重要方法。听鸡群需要在绝对黑暗的情况下进行。关灯半小时后，环境较安定，无杂音时可进行听鸡群。听鸡群时应了解鸡群是否有呼吸杂音。

在夜间仔细听鸡只呼吸音，健康鸡呼吸应平稳、无杂音，若鸡只有啰音、咳嗽、呼噜、打喷嚏等症状，提示鸡只已患病，应及早诊治。

注意观察鸡冠大小、形状、色泽，若鸡冠呈紫色，表明鸡体缺氧，多数是患急性传染病，如霍乱、新城疫等；若鸡冠苍白、萎缩，提示鸡只患慢性传染病，病程长，如贫血、球虫、伤寒等。同时还要观察眼、腿、翅膀等部位，看其是否正常。

二、鸡场的环境控制对柴鸡生产性能的影响

现代化规模化的柴鸡场生产管理有三个方面的需求：饲料和饮水，环境控制，健康保护。这三个方面对柴鸡的生存和生产都是至关重要的，其中环境控制的可变性最大，也是柴鸡生产者最有可能通过管理来改变的因素，从而提高成活率和生产性能。我们所讲的"环境控制"即舍内小气候控制，包括柴鸡舍的建筑结构及使鸡群不受外界不良环境影响的措施。

1. 环境控制（舍内小气候控制） 涉及重要的管理因素包括温度、空气质量、垫料质量，这些重要的管理因素是相互作用的，通常柴鸡生产者改进了一个因素的同时，也改进了其他因素。例如，当鸡舍内增加新鲜空气的同时，排除了舍内热空气而改善了鸡舍的温度，带走了舍内多余的水分而改善了垫料质量。

2. 鸡舍的基础管理（常规管理） 基础管理虽然各期有所不同，但重点都是一样的，是柴鸡饲养成败的关键。

3. 喂料管理事关重大 栏内喂料一定要准；料位、料量一定要均匀；笼内加料方法不能改变；加料一定要准；化验各期饲料品质；杜绝洒料；严格遵照柴鸡提高均匀度的喂料"三同"原则，即在同一时间内，相同条件下每只鸡都能吃到相同的料量。

（1）提高均匀度要从育雏开始做起：首先是喂料方面的管理，自由采食时料位要适宜。若料位偏少会造成部分雏鸡怯场，精神沉郁，对均匀度提高造成很大的影响；要每天观察吃料情况，计算料位。以第一次加料时让全部鸡只同时吃到料为准，一定要坚持"三同"原则。

（2）喂料器具的过渡：第一天全用料袋平铺撒料开食→1天后过渡成料盘喂料→3天时开始配合使用料槽配开食盘→十天分笼后全用小料槽→3周后全用料槽。

（3）喂料注意事项：要根据撒料情况及时补给，以防止因撒料造成体重增重不足；垫料上饲养过渡到棚架上饲养时饲料浪费的危害更大；喂料器具不同，撒料与补给也不同，应进行精确测量，促进采食是管理重点。

（4）喂料管理重点：每日料量统计准确无误。每天都要有一定的空料时间，每天空料时间不低于1小时（吃净料桶内颗粒饲料后计时）。这样都有利于及时发现鸡群的不正常情况。若出现采食量减少，就要找清原因进行处理，否则就会出现大的问题。

4. 引起采食减少或采食时间延长的原因

（1）疾病的发生：所有疾病都首先要影响到食欲，然后才会影响死淘率。

（2）大的应激因素也会影响到采食量下降，如室内温度过高引起热应激、室内温度过低引起的冷应激、异常举动和响动引起的惊吓。

（3）水供应不足：水线有断水现象没能及时发现，水线偏高或偏低。

（4）喂料管理方面：加料办法改变，一次加料太多。或者是统计料量不准。找到料量减少的原因才能避免更大的问题出现。

所以，鸡的采食时间的长短和料量的多少是最关键的数据。这是每个柴鸡场管理人员都必须关心的问题。

喂料器具适时更换是非常关键的，也是控制喂料的一个很关键的措施。

最初一天可以将饲料撒在干净的消毒过的旧料袋、塑料布或饲养盘上让鸡采食，按每平方米料位上供90~100只雏鸡采食为宜。为节省饲料，减少浪费，2~4日龄使用开食盘喂料配合小料槽；为刺激柴鸡食欲，促进雏鸡多采食饲料，饲料可以采取湿拌料饲喂。自 4～5 日龄起，应逐渐使用小料槽，10 日龄后全改用大料槽。每次更换喂料器都要有一个过渡时间。

三、水和饮水管理重点

水是生命之源，对于柴鸡的管理，水应放在第一位。但水对鸡舍内的管理也会存在不利的因素。对有益的方面要合理利用，对不利的方面要合适控制。

1. **水对鸡有益的方面的管理**　在这方面管理以确保不断水为准；按所用饮水器种类不同制定冲洗水管的周期时间表，任何时间都要确保水管不阻塞，不过高或过低。勤修理饮水器防止断水；提高责任心，准时开关水线。

2. **避免水不利的方面的管理**　想尽办法防止饮水器洒水，减少舍内有害气体浓度；确保鸡饮水时不洒水；确定饮水器高度，各种自动饮水器让鸡抬头饮水，尽量不让鸡在运动中撞到饮水器；对于普拉松饮水要确定水位高低，以饮水器拉离中线30°、水不溢出为宜；清理饮水器下多余的水；使用乳头饮水器时以鸡只抬头饮水为宜。

四、舍内小气候管理

舍内小气候是指通过温度、湿度和通风的管理给鸡舍创造一个不受外界影响，适合柴鸡生长的一个良好的小环境，这个小环境就是舍内小气候。舍内小气候控制是指协调好舍内温度、湿度和通风的关系。对于柴鸡饲养管理来说就是做好温度控制，再协调好湿度和通风的关系。比较好的做法是设定好全期每天的温度曲线，以全期温度曲线为标准，再设定好每天最高温度值和最低温度值，以最高温度值和最低温度值再做两条曲线，在最高温度和最低温度曲线内进行温度的控制。然后再设定最小通风量的管理办法。湿度控制曲线也应同时设定好。

舍内湿度过大的原因有饮水器洒水、鸡群拉稀、长期阴雨天气、通风不良、垫料。

舍内湿度过大会使舍内易产生氨味。通风的一个重要目的是防止舍内有氨味存在，同时防止舍内湿度过高或过低。舍内空气湿度过高，促进有害气体的产生，夏天不易降温；湿度低则空气中尘埃过多，易导致严重的呼吸道疾病、气囊炎等病变。

防止缺氧。空气缺氧会使柴鸡腹水症发生率大大提高，对柴鸡的生长、生产性能、均匀度和成活率等都产生影响。

在柴鸡生产管理中最关键的两个管理重点：第一就是开水开食，这是1周内管理重点。第一个管理重点做好的话就保证了柴鸡的机体各种系统功能最有效发育。第二个管理重点是舍内小气候控制。第二个管理重点做好的话可有效地防止鸡群的疫病的发生。在两个管理重点中上，舍内小气候控制显得更为重要。

标准化柴鸡场温度的设定和管理：柴鸡场温度的设定是按生产日期提前设定每天温度控制曲线。整个生产期的温度设定为：进鸡前两小时到接雏后一个小时内温度为28℃，温度控制范围在27～29℃。入舍1个小时设定温度为29℃，温度控制范围在28～30℃。入舍2个小时设定温度为30℃，温度控制范围在29～31℃。入舍3个小时设定温度为31℃，温度控制范围在30～32℃。1～3天温度为31℃，温度控制范围在30～32℃。4～5天设定温度为30℃，温度控制范围在29～31℃。6～7天设定温度为30℃，温度控制范围在29～31℃。8～10天设定温度为29℃，温度控制范围在28～30℃。11～12天设定温度为28℃，温度控制范围在27～29℃。13～14天设定温度为27℃，温度控制范围在26～28℃。15～16天设定温度为26℃，温度控制范围在25～27℃。17～18天设定温度为25℃，温度控制范围在24～26℃。19～20天设定温度为24℃，温度控制范围在23～25℃。21～23天设定温度为23℃，温度控制范围在22～24℃。3周以后若舍外温度在 20℃以上，舍外没风情况下则可放舍外活动。24 天后最好以这个温度控制到柴鸡完全脱温。若因冬季外界温度偏低，可在 30 日龄左右下调 1℃。30 天后设定温度为 22℃，温度控制范围在 21～23℃。

若因为供温设备问题不能按要求保证舍内设定温度范围内的温度的话，仍可以更改柴鸡饲养后期的设定温度。设定温度从 21 日龄开始：21～23 天设定温度为 23℃，温度控制范围在 22～24℃。24～26 天设定温度为 22℃，温度控制范围在 21～23℃。27～30 天设定温度为 21℃，温度控制范围在 20～22℃。30 天后设定温度为 20℃，温度控制范围在 19～21℃。

每日下调温度应在上午 8 时进行，给柴鸡一白天的适应时间，绝对不能晚上下调温度。温度管理重点是要使鸡舍两端和昼夜都没有温差。在标准化鸡舍内通过进风口大小的调节、供温设备对温度的调节、通风量的大小和风速的控制，是不难做到鸡舍内没有温差的。调节风速是控制鸡舍两端温差的一个重要措施。这需要管理人员在舍内进行长期调试并设定标准值。对于供温设备的要求是要确保任何时期供温都能达到设定温度范围。只有温度超过设定温度 3℃以上的情况下才可以通过加大风速来控制舍内温度和保持鸡群的舒适感。控制温度偏高的问题要先从供温方面做起，然后才是通风的作用。昼夜温差大是后期死淘率偏高的一个不可忽视的原因，所以要给鸡群创造一个舒适的环境。温度偏低，或风量偏大的情况下，鸡群感觉不舒服时，不愿意活动，也会严重影响到柴鸡的食欲，进而引起采食量减少，会加重冷应激，增加死淘率。鸡舍内昼夜或两端温差越大，分栏要越小，以防止栏内鸡只向温度舒适的地方移动，造成部分饲养区密度过大而影响到鸡只的采食。

夏季舍内设定的最低温度应当是 26～28℃。所以应以设定温度为基础，进行通风管理。温度低于设定温度或在设定温度的时候，也是要通风的，但通风不能形成风速，否则会给鸡群带来一定负面影响。舍内温度高于设定温度2~3℃可以加大通风量，用提高风速来解决温度偏高带来的问题。若舍内温度高于设定温3℃以上，要使用水帘和加强通风量，尽量形成更大的风速为好。通风量不足会加重后期的死淘率。

标准化柴鸡场通风量的设定：3日龄舍内开匀风窗进行自然通风，刚开始开匀风窗时，要在当天白天舍内温度最高时进行。5~10日龄可以考虑自然通风结合横向通风，依据舍内温度高低去开横向风机的数量，间断通风和不间断通风结合进行。11~20日龄之间可以采用横向风机和纵向风机结合的办法，确保舍内没有风速。但若是夏天的极端温度，超过设定温度3℃以上则可以有风速存在，也可以加大通风量，这时的风速只是为了提高柴鸡的舒适感。21日龄之后要求使用纵向风机进行通风，以确保舍内两端温度均衡，以没有温差为好，可以有一定风速存在。若温度超过设定温度3℃以上时要配合水帘的使用，并加大风速，提高柴鸡的舒适感。

通风操作管理要求：通风管理最重要的原则是以最小通风量维持整个饲养期。就是说通风的目的只有一个，既供应充足氧气，又能保证生产区内没有有害气体和灰尘的存在。这是通风管理中最好的结果，但在实际生产中往往不太可能做到。所以我们要了解通风的重要作用，即控制温度和湿度，排除有害气体和灰尘，提供新鲜空气（氧气）。所以，如何把通风的作用降到最低程度是舍内小气候控制管理的重点。尤其是冬季协调好温度和通风的关系是管理的关键所在。通风是否要形成风速也是柴鸡管理比较重要的。在温度设定范围内通风是不能形成风速的。22日龄以后超过设定温度就可以形成风速，或者为了控制温差也要形成风速为好，但要确保温度不能低于设定温度。21日龄以内温度超过设定温度3℃以上时才可以有风速存在，以适当调节鸡群的舒适感。

舍内小气候控制的管理重点是协调好温度和通风的关系。冬季通风的管理要点是最小通风量，就是让通风只提供新鲜空气为宜。其他的几项作用，要用其他方法去解决。控制温度要用供温设备解决，控制湿度要防止供水设备洒水，同时注意鸡群拉稀现象。控制好舍内湿度可解决有害气体和灰尘的问题。采取这些措施后最小通风量就能满足鸡群生长需要。

标准化柴鸡场湿度的设定：接雏前 3 个小时到 3 日龄舍内湿度控制在 65% ~75%；4 ~7 日龄湿度控制在 55% ~65%；8 ~21 日龄湿度控制在 45% ~55%；22 日龄后湿度控制在 40% ~45%。

湿度的管理要点：育雏前期提高舍内湿度，育雏后期控制舍内湿度，育成期降低舍内湿度。管理重点在 1 周内湿度的提高。

接雏时与 1 周内提高舍内湿度有以下几点：

（1）接雏前两天先用消毒液把墙壁消毒一次，然后再用水把舍内墙壁浸透，以确保进鸡后舍内湿度达标准。

（2）接雏前用消毒液把育雏区进行消毒，消毒剂按每平方米面积用量为 160 毫升，也能提高接雏时舍内的湿度。

（3）舍内地面洒水或在热源处洒水：3 日龄后不在地面洒水。5 日龄开始控制洒水问题，根据舍内湿度大小进行控制。15 日龄后可以通过通风进行湿度的控制。冬季管理重点是控制舍内湿度不再超标准，以全力执行最小通风量为原则。

总之，舍内小气候控制就是温度、湿度和通风三者之间的关系问题。协调好三者之间的关系，是柴鸡饲养管理的重点。如何把通风的作用降到只提供新鲜空气的最小通风量才是管理的优势所在。要想以最小通风量通风的话，就要确保舍内温度和湿度合理才行。柴鸡生产中湿度的问题是较严重的问题，所以避免舍内湿度过大是我们管理的重中之重。一定要把湿度控制在设定范围内。比如，冬季若舍内湿度偏大时舍内有害气体就会偏多，就得加大通风量进行排除。加大通风量就会降低舍内温度，并给鸡群带来不适的感觉。所以说三者关系是密不可分的。

测定柴鸡舍内氨气浓度的一般标准：体积分数为（10～15）$\times 10^{-6}$时可嗅出氧气味；（25～35）$\times 10^{-6}$时开始刺激眼睛和流鼻涕；50×10^{-6}鸡只眼睛流泪发炎；75×10^{-6}鸡只头部抽动，表现出极不舒服的病态。

光照管理：光照能提高采食速度和鸡群均匀度。

光照的原则：确保光照均匀，确保灯具干净。

光照的目的：延长柴鸡的采食时间，促进其生长速度和生产性能的正常发挥。这就要求管理必须跟上。育雏期饲养重点是控制光照情况下的自由采食：母鸡0～2日龄自由采食，工作重点是促进食欲，但光照要进行改变；0～3日龄光照23小时，光照强度为60勒克斯。4～8日龄每天减少光照时间1个小时，强度不变；9日龄以后每天减少2个小时，光照强度减弱到15勒克斯，减到8小时为止，吃够标准料量。减光同时要求公鸡最低吃到标准料量，否则不能减光。

垫料管理：3周后表现特别重要，因为经过两周饲养过程垫料慢慢出现潮湿的情况，所以这之后要注意勤翻垫料，确保垫料疏松，不干不湿。过干易起尘，湿了就会产生氨气。

消毒的管理：目的是以最大限度消灭本场病原微生物的存在。消毒的好处是消灭病原微生物。消毒带来的不利有以下几点：增大了舍内的湿度；给鸡群造成一定的应激。

消毒管理的注意事项：每次消毒一定要达到消毒效果；按消毒剂浓度稀释消毒液；按消毒要求使用消毒液的量；按周期性消毒程序进行消毒；尽量减少因为消毒给鸡群造成的应激。

消毒效果的决定条件是：消毒剂的质量；交替使用，预防病原体对消毒剂产生耐药性。

消毒药的分布浓度：按要求配制，防止浪费或者达不到消毒效果。

消毒液与病原微生接触的时间：消毒液都有其作用时间，达到其作用时间才能起到杀死病原体的作用。

带鸡消毒：每周 2～3 次带鸡消毒；防疫活疫苗停止消毒，防疫弱毒苗前中后 3 天不消毒，防疫灭活苗当天不消毒即可；消毒液按照说明书比例稀释，按每立方米空间用消毒液 60 毫升计算；消毒前关风机，到消毒后 10 分钟再开风机通风；大风天气应对水帘进行严格冲洗消毒，立即关闭其他进风口，并带鸡消毒一次，大风天立即带鸡消毒，并在水帘循环池加入消毒剂。

环境卫生管理：环境卫生指的是舍内外的地面卫生，搞好了给人耳目一新的感觉；卫生差舍内易成为细菌、病毒的集散地，也影响美观。每次吃饭前应对舍内卫生进行打扫，每天早上上班前打扫场院和运动场的卫生，确保环境干净卫生；确保运动场内没有上一天存留下的羽毛和鸡粪，可以在隔日的早上对鸡运动场地消毒一次。

夏季工作重点还有一点就是做好灭蚊蝇工作，鸡舍所有进风口和出入门都要钉上窗纱和门帘，防止和减少蚊蝇出入。同时还要减少舍内洒水的问题。这样都有利于控制蝇子的繁殖。舍外运动场上和运动场附近不得存有死水坑，以防止蚊蝇的繁殖。

第五章 柴鸡分期饲养与管理

一、空舍期

随着鸡群淘汰及时整理饲养设备。根据老鼠数量，在鸡舍周边均匀设定灭鼠点，投药灭鼠，至少持续 7 天以上。根据昆虫数量，喷洒杀虫剂。拆卸棚架，清理鸡粪。清完鸡粪后，要喷洒水，并尽可能干净地清扫舍内灰尘及剩余鸡粪。冲洗鸡舍及设备，喷枪最低压力为 1724~2068 千帕，如果产蛋箱要拿出鸡舍，则在出舍前要冲洗干净。用 3% 氢氧化钠溶液消毒地面。维修鸡舍及设备。用福尔马林按 1:20 的浓度喷洒消毒。安装棚架，安装时浸泡漏粪地板。鸡舍周围铺撒生石灰。进垫料及垫料消毒（根据各自公司消毒程序操作）。安装准备育雏设备，各种设备必须先消毒后入舍。安装结束后，检查调试各种设备，确保正常运转。用福尔马林消毒整个鸡舍。摇上卷帘，关好门，封舍 7~14 天，如开启鸡舍到进鸡时间超过 10 天，要用消毒药再次消毒。空舍 10 天以上很关键。

淘汰完柴鸡到进鸡要有 45 天以上。10 天内舍内完全冲洗干净：舍内干燥期不低于 10 天；舍内墙壁地面冲洗干净后，干净程度以流水不留痕迹为宜；空舍 10 天后，再把地面墙壁均匀地刷上 20% 生石灰，然后再干燥 10 天以上。任何消毒（包括甲醛熏蒸消毒在内）重点都到屋顶上，舍外也要如新场一样。污区清理干净不进人活动，最好撒生石灰，形成生石灰膜；净区严格清理，撒上生石灰，不要破坏生石灰形成的保护膜。

每批柴鸡进雏前都要对育雏舍进行整理、消毒和试温。首先要将育雏舍内粪渣、灰尘等清理干净，地面用2%氢氧化钠溶液泼洒。所有用具都应清洗干净，如料槽、水槽、鸡笼等，并将其摆放到位，然后检修水、电、通风设备，做到育雏舍干净、密闭、保温且能正常通风换气。进雏前1周对育雏舍及设备进行熏蒸消毒。熏蒸时视育雏舍育雏年限及污染程度可采用高锰酸钾21克/米^3，加甲醛42毫升/米^{3}放入陶瓷盆中，密闭熏蒸48小时后，打开门窗通风3～5天。注意熏蒸时先放高锰酸钾后再倒入甲醛，熏蒸过程从育雏舍内向外逐步进行。育雏舍试温应在进雏前2～3天。如采用锯末炉或点燃火道的方式加温，应注意检查是否漏烟。试温时一定要把育雏舍温度提高到30～33℃。育雏开始前应在门前消毒池放入药物。

二、肉用、蛋用和种用柴鸡的育雏育成期饲养管理

（一）育鸡期（1～6周）管理

1. **接鸡准备工作**　主要包括饮水、饲料（全价饲料和青绿饲料）、温度、湿度、卫生防疫等准备工作，主管必须检查落实好每项工作，使用进鸡准备工作检查表。鸡舍和饲养设备必须于3天前消毒过。进出鸡舍人员必须严格消毒。检查保温设备，根据季节不同提前1～3天预热。就是温度好提升，也要提前一天预温，目的是为了让墙壁温度达标，育雏笼中下层温度为32℃左右。预温同时确保舍内墙壁湿透，以确保进鸡后舍内湿度达标。分配各栏育雏笼内的设备，各栏必须有专门温度计。饮水水质要干净达标，水温与舍温相同。初次给雏鸡喝水，最好要用5%的葡萄糖水。准备称重设备、采血用品及报表等。该阶段不允许外来人员参观，围墙、鸡舍地面要定期消毒。进鸡前进行人员培训。

2. 鸡苗到场工作操作程序 确认鸡苗到场时间，以便更好地准备接雏。不允许运输鸡苗车辆直接进场，要通过场内车转运，或者严格消毒后进入场内，司机不下车。接雏前必须核实好箱数。按计划数量把鸡苗分放到各栏。每一栏应该尽量放置同一生产周龄的鸡苗。鸡苗都要抽样称重。打开鸡苗盒、点数，每次抓 5 只，放在饮水设备较近的地方。记录好每栏鸡数。记录运输中死亡及点数时淘汰的鸡苗数量，调整使各栏数量一致。鸡苗箱纸盒、垫纸送检，雏鸡采血送检。训练雏鸡饮水。进出鸡舍必须严格消毒，不允许有漏风，禁止昆虫、鸟及其他动物入舍。

3. 育雏期饲养管理 包括饲养设备的配置与使用，温度、湿度控制及其影响因素。关键时期是 1 周的体重要求，初饮及开食的方法，选择性的断喙，通风换气及光照管理。

饲养设备：手提饮水器 50 只/个；乳头 15 只/个；围栏板 10 张/栏；料槽 5 厘米/只；开食盘 60 只/个；料盘 60 只/个，雏鸡苗用。

温度、湿度控制及其影响因素：温度、湿度要适宜；鸡苗数量要合适；围栏扩大要及时；保温设备使用时间要合适。检查温度，以观察鸡群实际分布状况为准。

防疫球虫时要注意鸡舍里的湿度，保证一定的湿度对于球虫免疫效果有好处，环境控制对球虫防疫有很大好处。

4. 影响温度的其他因素 舍外温度的高低及变化，鸡舍有无漏风的地方。

5. 控制温度要注意的重要事项

（1）第一天温度必须达到 30～32℃，温度测定点距地面高度与鸡头平。育雏控温时间一般为 3 周，每周下降 2～3℃。前两周检查鸡群要格外认真仔细。检查温度是否合适的最佳方法，是观察鸡苗的分布状态及表现。温度适宜，鸡苗在围栏内散开均匀，感觉舒适，呼吸均匀良好，身体舒展良好，活泼。鸡苗集中某一角落，说明有贼风。发现鸡苗在围栏打堆，说明温度太低。少量鸡只驾着翅膀，张口呼吸，说明温度偏高，或者表现为热源处鸡只较少。

（2）第一个生命薄弱期是 0～1 周，种蛋入孵后开始发育，活体进入生长时期，生长所需营养全部通过尿囊供给，在雏鸡破壳后，由尿囊呼吸转成肺呼吸，一个真正意义上的生命出生。经过一系列操作后，雏鸡接转到育雏场内，雏鸡进入生长初期阶段，开水开食后刺激胃肠道开始发育，也是心血管系统、免疫系统和体温调节功能快速发育期，同时也是其他系统的启蒙发育期。

0～1 周是柴鸡从出壳到自身正常活动开始的一个重要阶段，它是从尿囊通过蛋提供营养过渡到通过胃肠道吸收营养的过程。呼吸也从尿囊通过气室呼吸转成肺呼吸。机体所有系统进入启蒙发育期。所以把这个时期定为柴鸡的第一个生命薄弱期。管理重点为刺激食欲及开水开食工作。

（3）接雏时的工作：掌握准确的接雏时间，一定要随时联系送雏车辆，密切关注准确的入雏时间，以便合理安排进雏前的准备工作，如舍温的保持、饮水器的添加、饲料的湿拌等。

（4）低温接雏：雏鸡经过长时间的路途运输，饥饿、口渴，身体较为虚弱。为了使雏鸡能够迅速适应新的环境，恢复正常的生理状态，可以在育雏温度的基础上稍微降低温度，使温度保持在 27～29℃，这样，能够让雏鸡逐步适应新的环境，为以后正常生长打下基础。精细的接雏育雏温度控制过程为：接雏前 2 小时到雏鸡来后 1 个小时温度应控制在 27～29℃，鸡入舍 1 个小时后上调 1℃，以后每增加一个小时上调 1℃，分别为 28～30℃，29～31℃，30～32℃。这样鸡群就会有一个慢慢适应的过程。

（5）准备饲料（湿拌）：选择合适的蛋雏鸡颗粒破碎料，加湿并添加绿源生等药物，不但利于开口，同时可以发挥绿源生等药物的良好作用，帮助消化，有利于胎粪排出，减少了糊肛的概率，同时也增加了适口性，有利于饲料全价性摄入。杜绝雏鸡挑食。拌料时注意，松软度以用手握紧成团而不出水，松开后，轻揉即散的状态为最佳。准备优质青绿饲料是育雏期的管理重点。

（6）开水开食是管理重点工作。详见 22 页"六、开水开食的管理要求与操作管理办法"中的"1~4"。

6. 雏鸡接雏时助饮是提高成活率和均匀度的重要工作　助饮时逐只将雏鸡从纸盒中拿出，将鸡嘴或眼睛蘸入到提前加入葡萄糖与赐益的饮水中，不但能够达到 100% 的开水率，同时，为达到良好的开食率做好铺垫。

助饮方法分解：首先抓鸡，拇指外的四指与手掌抓住雏鸡颈部上方，雏鸡头向拇指方向；然后开始助饮，拇指与食指捏住鸡嘴用力按入水中一下，然后松开拇指与食指让其完全把水咽下去，再重复一次；最后放鸡，第二次把鸡嘴按入水中，立即放手，把鸡放在饮水器边。可总结为抓鸡→蘸嘴→松手指→蘸嘴→放鸡。

7. 待雏鸡大部分开水、出盒后，将事先拌好的湿料均匀撒在铺好的饲料袋上，诱导雏鸡啄食，建立食欲（使雏鸡抬头能喝水，低头能吃料）　每次拌适量的饲料，每半小时撒料一次（逗鸡开食）。开食 6 小时左右，即可将栏内的开食盘翻开并在内撒料，以后逐步将开食盘全部加入栏内，并不再向编织袋上撒料。10 个小时左右，将采食的雏鸡全部过渡到利用开食盘吃食，并慢慢取走料袋。

测定饱食率：管理人员在 8~10 小时的时候，测定每栏的鸡群饱食率，将鸡群按照未吃料未饮水、饮水、吃料、吃饱料划分层次并计算饱食率。雏鸡开食情况检查分四个方面：吃饱料（嗉内有一团饲料）、吃上料（嗉内有饲料和水的混合物）、饮上水和料水均没吃到。

依据管理人员测定情况，安排工人进行逐一摸鸡，将未饮水、没吃料的弱鸡、小鸡挑出放在残栏中单独饲养（注意残栏的特殊照顾，并且由于鸡群的群居性，不要将单个、少量的弱鸡单独饲养，避免其孤独，精神不振。它们是弱势群体，要特别关注）。

待雏鸡开水后，根据用药程序适时更换、添加饮水球内的水。注意不要一次添加过多的水，避免因长时间放置导致药物的失效，以少添勤换为原则。

8. 育雏期防止水杯污染的一个好的做法 在水线下面铺上料袋，可以有效防止垫料进入水杯污染饮水，同时也能最快发现水线洒水，减少垫料湿度。1 周后据实际情况可将料袋取走，那时雏鸡能完全站直饮水了。

9. 根据鸡群的分布状况进行赶鸡 如果鸡群分布均匀，开水、开食正常，可以每小时"驱赶"鸡群一次，让其自由活动，增强食欲。如果鸡群扎堆，则需随时赶鸡，保证鸡群不出现扎堆现象。

10. 1 日内育雏成败的重要性可占柴鸡雏鸡饲养全期的 50% 增强雏鸡对疾病的抵抗力，提高雏鸡成活率；为育成期提高均匀度打下良好的基础；控制弱小鸡的发生，为育成期提高育成率打下良好的基础；有利于提高机体心血管系统和免疫系统的快速发育；有利于促进雏鸡消化吸收系统和呼吸系统的快速发育。

11. 温度控制 开水前温度不要超过 29℃，目的是防止雏鸡脱水和员工过于劳累，最重要的是给雏鸡一个适应过程。

开食与饮上水后温度控制在 30~32℃。入舍助饮 1 小时后和自由饮水 2 个小时后，高温与低温都会严重影响食欲。高温也会造成温度和湿度更难以控制，员工过于劳累等。不要让雏鸡适应高温处环境。管理重点是让每只雏鸡在最短时间内吃饱料，不惜一切代价刺激食欲。这也是为了确保 1 周的体重达到标准。

12. **控制鸡舍内的湿度不低于65%** 提升湿度的方法有以下几种：接雏前墙壁浸透，接雏时喷雾消毒、地面洒水和升温后喷雾。

13. **免疫** 100% 安全免疫，同时检出未采食到料的雏鸡。

14. **每4小时换水一次，保证饮水器与饮水干净** 统计一天的采食量，制定下一天的预计喂料量，尽最大努力让鸡群多采食饲料（入舍后23小时统计）。

1~7天自由采食，主要是第1周体重达到进鸡时体重的4倍以上；4周时要求达到或超过标准体重，对以后的增重和产蛋有很大影响。笼养要逐渐扩大，因为该阶段雏鸡生长特别快。水、料设备分布必须均匀，保证所有鸡只在2米范围内找到水、料。

2日龄管理，雏鸡已经逐步适应了新的环境，以后的工作也要一步步开展起来。饲料的多次添加、饮水器的适时更换、按时诱鸡活动促进采食、弱鸡的精心照顾、舍内环境的控制都非常重要。充足的料位是管理的重点。

定点进行喂料，定时驱赶雏鸡，每次定量增加料量。一般是两小时加一次料，一个小时驱赶一次雏鸡，按前一天料量加3克，作为当天料量去分配。补入少量优质青绿饲料（莴苣叶、苦苦菜等）。

继续拌湿料，分多次饲喂：第2天仍然需要把料拌湿，可以加入少量青绿高蛋白饲料。用含有苦味野菜和常食用的有苦味的青菜最好。预计并计算好总料量，然后根据每栏的鸡数将料分开，全部添加到开食盘中，注意撒料时要均匀，且不要太厚。全天每两小时撒一次料，将料按预计总数分开，每次大约5千克，一定不要图省事减少加料次数，避免因料盘内饲料长时间过多剩余造成雏鸡食欲下降，影响采食。

按时驱赶鸡群，增加食欲：为了保证能够使鸡群吃足当天的料量，可以每小时"驱赶"，让其多活动，增加食欲。要根据具体情况赶鸡，鸡群采食后也要有一个休息、消化的过程，观察鸡群，如果分布均匀、无扎堆现象，可每小时赶一次。如果有扎堆现象，则需不断地赶开。如果问题持续出现，就要仔细查找原因，看是否是因为温度偏低，鸡群因受凉而聚堆。

第2天的工作重点：及时清理因鸡群跑动、排泄而受到"污染"、"不新鲜"的饲料中的垫料和鸡粪，每天至少清理4次。每次清理可将多余的稻壳重新撒在栏内；清理完毕后的饲料可以拌入适量多维均匀地撒在每一栏的各个开食盘中，避免因一个开食盘中剩余旧料过多，雏鸡对此盘采食欲差而不去吃料现象的出现。一定要随时饲喂，防止饲料因污染酸败。

在水线（饮水球）下方铺编织袋，有效地解决了稻壳污染接水杯或饮水球的问题。制作带钩的长杆，换饮水器时使用，可以减少工人劳动量，并且对鸡群的应激较小。

挑出弱鸡单独饲养，尽快使其恢复健康状态：根据天气状况，3日龄可以开始通风，通风时水帘为唯一进风口，并加强水帘消毒工作，1天3次为好，通风前进行。

如果3日龄晚上11时前吃料情况良好可以再熄灯1小时，提前1小时将料盘撤出，余料回收称量，填写报表。准备料桶，充分消毒后放入鸡舍；注意料位的重要性，自由采食阶段也注意料位充足，避免雏鸡争斗，防止产生弱鸡。可以打开水线，让鸡群慢慢适应。挑至残栏中的弱鸡，一定要照顾周到，及时更换水料。

喂料管理：确保饲料新鲜、无污染，来场前要经过细菌学检查，特别是沙门菌和霉菌，并且留样250克。喂料设备数量充足，料盘分布、饲料分配要均匀。在1～3周，喂料要少量多次。第1次喂料必须保证每只鸡都吃到料。通过敲响料盘，或抓鸡到开食盘教鸡吃料。光照强度要大于40勒克斯，并且要均匀，以保证鸡苗看到饲料。检查料盘内饲料是否干净，定时清理，不容许有潮湿、霉变饲料。第 3 天准备用大鸡设备，第 5 天开始逐渐更换，第 10 天全部更换完毕。

饮水管理：鸡苗到场后及时给水、给料。前几天，手提饮水器 50 只/个。引导鸡苗使用大鸡饮水设备，第 3 天开始引导，在引导过程中仍然使用小饮水器，直到每只鸡都学会使用。第 5 ~ 7 天开始逐步拿掉小饮水器（2 个/天），10 天后换完。小饮水器均匀放置在围栏内，固定在砖头或木块上，防止垫料进入水中。鸡苗到场前 4 小时准备好水，放在围栏边，使水温接近舍温（水温 27℃左右），必须保证每只鸡苗都能饮到水。饮水设备放置均匀。光照强度大于 40 勒克斯，均匀度要好，保持饮水器干净卫生。如果使用葡萄糖饮水，饮水时间不超过 1 小时，以保证水不受细菌污染。给雏鸡的饮水必须干净，一般用 0.2 ~ 0.3 毫克/升的氯消毒的水最好。

环境管理良好的情况下母鸡可以不断喙，公鸡断喙。断喙好坏很重要，会影响鸡只的发育、产蛋、受精率。断喙目的是为减少饲料浪费和啄羽发生。断喙管理主要有断喙操作者、断喙设备、断喙方法技术等三个方面。

断喙员：必须热爱本职工作，踏实；有经验，操作方法准确；操作要善始善终，能吃苦耐劳；对鸡苗温和、轻、快、准；工作要仔细认真，正确处理问题。

断喙设备：断喙器用前应检查，确保良好，断喙孔必须达到标准。断喙孔板要平整，没变形，如有问题要换新的。断喙器必须消毒，并清理干净，不能有残留物。断喙器必须保证用电安全，电线无破损，接触要良好。刀片不能钝，每只刀片断喙 2 500 只。接触不好，会使刀片发热，刀片温度应保持在 700℃左右，刀片颜色为深红色（樱桃色）。经常用湿棉刷擦拭孔板，保证不太热。考虑断喙时排烟，减少对人的影响。保证刀片与孔板间隙合适，防止太大或太小。

断喙技术：

（1）断喙时间最好为 6~8 日龄，具体时间要根据鸡苗到场时大小确定。过早断喙可能影响鸡苗发育；过晚断喙，可能造成断喙困难，出血较多。

（2）根据喙的大小及断喙标准选用孔 10/64 英寸、11/64 英寸、12/64 英寸，一般情况第 5 天断喙用 11/64 英寸的孔比较合适。

（3）断喙长度不准超过喙长 1/2。

（4）断喙人姿势要端正、舒适，手臂要与孔板配合好，控制喙的手臂与身体成 90°角，小臂与孔水平。手臂动作要灵活。机器要稳、牢靠。用一只手抓鸡，用另一只手大拇指压在鸡头部，用食指托住鸡下颌部，轻轻拉长鸡脖，使舌头回缩。把喙放入合适孔中，鸡喙与孔板成 90°。踩下脚踏板时间不超过 3 秒。检查有无出血，如有，应灼烧，烫喙时间不能太长，否则会损坏生长点细胞，影响喙生长。轻轻将鸡苗放到围栏内。断喙人数每舍不超过 3 人，其中 1 人负责公鸡，另 2 人负责母鸡。断喙应分栏，使每栏板断喙效果一致，有利于以后饲养管理。每栋鸡舍断喙必须在当天完成。

（5）断喙前后对鸡苗的管理要求：抓、握、放要轻柔。用围栏板隔开时，要使鸡只能方便喝到加有维生素的水，装入断喙筐的鸡只不可太多，断完一筐抓一筐。要有人负责检查已断喙鸡苗，检查断喙质量，有无出血，如有要及时处理。断喙后鸡苗给料要厚一些，并用粉料或破碎料，防止鸡喙碰到料盘出血。断喙后 2~3 天，鸡苗应激大，饮水量少，供水供料设备要放低，并保证水料充足。保证温度合适，喂料、饮水设备在热源范围内。断喙时要加 3~5 天维生素于饮水中，以减小应激。

通风换气、垫料、光照管理：

光照程序：

表 5.1　雏鸡前两周光照表

日龄/天	光照时间/小时	光照强度/勒克斯	灯泡/瓦
1～3	23	30～40	100
4～7	每天减少 1 个小时	30～40	60
8～14	每天减少 2 个小时，到 8 小时为止	5～10	25

通风换气：鸡舍要封闭好，防止昆虫及带病生物进入鸡舍，用排风扇通风。根据排风扇开启数量合理调整进风口大小，保证鸡舍负压符合标准。风扇开启数量应根据鸡龄、温度等确定，要经常观察鸡群冷、热、呼吸表现等。

垫料管理：要选用质量最好的垫料。来源可靠、干净。进舍前垫料必须通过消毒。潮湿垫料要换掉，定期翻垫料，保持垫料平整。进鸡苗前，必须抽样化验是否有细菌及霉菌。

4～8 周是骨骼快速发育期，8 周时的骨骼长度已达到成年骨骼长度的 85% 以上；这一时间的均匀度直接决定了体成熟均匀度的高低。体成熟均匀度的高低又直接决定了柴鸡一生中的生产性能的高低。这一时期的管理也至关重要。所以这一时期为第一个管理重点期。管理重点为合理控制增重。

育雏期影响均匀度的因素：雏鸡的质量直接影响到柴鸡均匀度的高低，主要原因表现在不同周龄的柴鸡所产的雏鸡。由于柴鸡有传染病存在，造成种雏苗发生疾病；舍内不同地点的温度不同，产生温差，使雏鸡采食不均，进而造成均匀度下降。

0～3 日的湿度：前三天湿度偏低情况下易引起慢性呼吸道疾病发生，同样也会引起雏鸡脱水，造成大小不均的现象。

首次饮水与开食的质量：开水开食不好，会引起弱小鸡的发生和采食不均匀。

饲料的分布、料量、料位、喂料速度投料是否均匀。

球虫免疫：球虫免疫的重要作用是为了防止产蛋期慢性球虫

的发生引起产蛋率下降，引起主要以肠炎为主的病理变化。但在免疫球虫疫苗过程中由于管理、操作办法和疫苗质量问题往往引起球虫疫苗免疫后死淘率增加。少则几十只，多者上千只的都有，同时造成免疫失败。

做好球虫疫苗免疫要做到以下几点：

①确保疫苗质量；优秀厂家，保存过关。

②防疫球虫疫苗时操作不能失误，有以下几点不能忘记：足够饲料量，让每只鸡都吃饱；料中拌疫苗要均匀；有足够的料位，让每只鸡同时能吃到料；每栏按鸡数分清料量和料位；操作办法是：3 日龄按每只鸡 6 克料，4 日龄按每只鸡 8 克料，不能太少。若管理人员自己拌料，用小喷雾器每瓶疫苗 1 千克水，一人喷料，一人拌料，直到把所有疫苗喷完为止；按加入的水量、料量平分给每栏的每只鸡。

③防疫后的管理与维护：控制舍内湿度不能过高和过低，应为 35%～60%；提高湿度只在地面洒水，不能在垫料上洒水；防疫后 5 天，天天观察粪便情况，并进行化验室检测。

④预防球虫野毒株感染：野毒株会加重疫苗反应，同时引起大量死亡。预防的方法很简单：不要让雏鸡以任何方式接触到土地面，也就是在育雏过程中所有员工不走土地面。

合理分群：5～7 日龄断喙时认真挑鸡；12 日龄左右按大、中、小进行分群；3、4、5 周每周进行一次分群；6 周时每栋只分两栏，均匀度低时可逐只称重分群。

育雏期体重控制：柴鸡饲养中体重控制是非常重要的，育雏期更是如此，但各周控制方法不尽相同；1～2 周促进采食使鸡群快速增重，1 周末体重不低于 100 克，3 周后控制料量按标准增重。

周管理重点是：

第 1 周：0 日龄：做好接雏前准备工作，车辆消毒备好。准备好开水、药物，接雏前 1 个小时加好水，洒上湿拌的饲料。接雏前到接雏后 1 小时恒定舍内温度在 27 ~ 29℃，然后慢慢上调舍内温度，每小时上调 1℃。多次在墙壁上洒水进而保证舍内墙壁湿度在 100% 以上，这样才能保证舍内湿度在 75% 左右。可以使用消毒设备。

1 日龄：①分群点数，做好记录，称重。②2.5% ~ 10% 的白糖（前 10 个小时用）和电解质多维矿饮水 3 天。③鸡才入舍时控制舍内温度在 27 ~ 29℃，让鸡吃料饮水，入舍 1 个小时后温度提升到 30℃，然后过 1 个小时再提高到 31℃，再过 1 个小时使温度控制在 31 ~ 33℃，保持温度 31 ~ 33℃到 2 日龄。温度要慢慢提上去，绝对不能忽高忽低。④全价鸡花料开食。⑤开照明灯，瓦数为 60 瓦。⑥前 10 个小时在喂料中拌入 12% 微生态制剂。前 10 个小时饲养密度在 90 ~ 100 只/米²。⑦入舍 10 小时后水线也要过渡使用，调教雏鸡使用自动饮水器，真空饮水器也要配合使用，以防止部分鸡饮水不足。⑧按每个开食盘供 30 只雏鸡去准备。充足的料位是管理的关键。

2 日龄：①1 ~ 5 日龄饮水中加抗菌药预防细菌性疾病。②每日加料 8 ~ 10 次使鸡只尽早开食，采食均匀。③观察保温温度是否适宜，调节适宜温度，温度在 31 ~ 32℃。④23 小时光照。⑤使用开食盘和小料桶喂料，确保料位充足。刺激食欲仍是管理重点。⑥可以将高蛋白的青绿饲料拌入全价饲料内定时喂给。每次喂给青绿饲料拌入少量精饲料时，饲喂时间不得长于 4 个小时，以防止饲料变质发霉。

3 日龄：①每日更换饮水 3 次。②加垫料，防饮水器漏水。③饲喂多种维生素。3 ~ 10 日龄饮水中加入维生素 A、维生素 D₃、维生素 E，减少应激。④挑出弱小鸡只。温度在 30 ~ 32℃。料位充足是关键。⑤考虑到以后要舍外放养，做好球虫疫苗免疫工作是管理的关键。控制舍内湿度在 50% ~ 65%，以防止疫苗免疫工作失败。⑥3～10日龄，每日喂两次高蛋白的青绿饲料拌入全价饲料喂给。喂青绿料和全价料要分开喂料器供给。每次喂给青绿饲料拌入少量精饲料时，饲喂时间不得长于4个小时，以防止饲料变质发霉。以后几天过渡到喂料器具吃食是管理的重点。

4日龄：①每日早上、下午、晚上更换饮水各一次，并洗净饮水器。过渡到自动饮水器。②每日早、中、晚、夜加料各一次。③关好门窗，防止贼风，但要考虑到舍内供气充足。④观察雏鸡活动以确保舍温正常，每天22小时连续光照，2小时黑暗。⑤灯泡瓦数为40瓦。温度在29～31℃。⑥做好扩栏前的准备工作。

5日龄：①增加饮水器与料槽。②观察鸡群状态与粪便是否正常。③观察温度注意雏鸡状态，及时调节室内温度。④撤去一半真空饮水器，使用水线供水，要教会雏鸡用水线。温度在28～31℃。⑤做好扩栏工作，使密度在20只/米^{2}左右。⑥料位是保证雏鸡均匀度的关键。

6日龄：①更换水线下潮湿结块垫料。②早上检查是否缺料与缺水，及时增加料桶与饮水器。③再撤去部分真空饮水器，全用水线供水。舍内温度控制在28～30℃。

7日龄：晚上抽样称重一次，称重要有代表性。鸡的生长发育情况与标准体重对照，找出生长慢的原因。全部更换全自动饮水器和大料桶。舍内温度控制在28～29℃。1周末的体重很关键，确保体重达到要求的标准。这代表着鸡群的健康状况。

第2周：①为提高柴鸡均匀度进行第一次分群管理。②调整室内温度，温度在27～29℃，注意通风。③增加垫料。④8～14日龄每天减少光照两个小时。⑤以体重大小考虑青绿饲料的喂给量，但仍以全价料为主。⑥注意粪便变化，及时防治球虫病。⑦7、14、21、28日龄的体重必须达标，因为育雏期是公鸡骨骼发育、羽毛覆盖、心血管系统和免疫系统发育的关键时期。对于作为种用的鸡群公鸡管理也很重要。如果公鸡体重在 28 日龄达标，鸡群均匀度则很理想。⑧确保初期均匀度不低于 78%。⑨11 日龄后每天喂料 4 次，两次喂全价饲料，两次喂给青绿饲料和拌入全价料的饲料。每次喂给青绿饲料拌入少量精饲料时，饲喂时间不得长于 4 个小时，以防止饲料变质发霉。⑩补充保健沙 1 克/只，加入饲料中供给，也可以用专用保健沙石盆供给，让鸡只自由采食补给也行。

本周免疫工作：8 日龄免疫 ND 油苗和弱毒苗，14 日龄免疫 IBD 弱毒苗。

第 3 周：①确保柴鸡均匀度不低于 75%，要有充足的料位和水位。②喂料原则：同一时间内，相同条件下每只鸡都能吃到相同料量。喂料注意事项：过渡到喂料器具，要清楚撒料情况并及时补给；垫料上饲养过渡到棚架上饲养，避免饲料浪费；喂料器具不同，撒料与补给也不同。③建立育雏活动区：育雏活动区的饲养密度为 3 ~ 5 只/米^2，地面最好用砖铺平或用水泥地面。本周可以在天气良好情况下，把雏鸡放出舍外活动 1 ~ 2 个小时，然后慢慢延长舍外活动时间，要避开不良天气，同时要确保舍外活动区域地面干燥。舍外活动可以延长到 6 周左右，每天在舍外供给充足优质的青绿饲料，每次喂给青绿饲料拌入少量精饲料时，饲喂时间不得长于 4 个小时，以防止饲料变质发霉。要定时给，并定时清理，防止青绿饲料变质。每天定时喂料：用铃声刺激柴鸡开食，以形成条件反射，逗鸡按时回来吃料，以确保柴鸡完全放养后能按时全部回窝休息。④补充保健沙按 2 克/只，加入饲料中供给。另外，在舍外活动区内直接散落少量保健沙石供鸡自由采食亦可。

本周免疫：禽流感疫苗 H5 + H9，同时新城疫弱毒苗点眼。

第 4 周：4 ~ 8 周是骨骼快速发育期，8 周时的骨骼长度已达到成年骨骼长度的 85% 以上；这一时间的均匀度直接决定了体成熟均匀度的高低。体成熟均匀度的高低又直接决定了柴鸡一生中的生产性能的高低。这一时期的管理至关重要。所以我们叫这个时期为第一个管理重点期。

这一周的管理重点就是为体成熟奠定较好的基础。温度允许情况下，缩小到最小饲养密度。这样有利于柴鸡的体格发育。第4 周体重如达不到目标体重可延长光照时间至 12 小时，到第 5 周一定达到目标体重，饲料喂给 1/3 育成精料，精料分早晚两次喂给，第 5 周后可单独饲喂充足的青绿饲料。青绿饲料让鸡自由采食为好。控制调整料量要根据鸡品种及鸡标准体重进行，抽样称重方法必须准确，称具经常检查，确保称重准确。4 周后延长舍外活动时间，促进肌腱发育和骨架发育。本周补充保健沙按 2.5克/只，加入饲料中供给。另外，在舍外活动区内直接散落少量保健沙石供鸡自由采食亦可。

预防性投药一次，以杀菌剂中草药为主进行预防。本周免疫鸡传染性支气管炎疫苗 D78 和鸡痘疫苗。

第 5 周：①柴鸡自由采食时料位要适宜；若料位偏少会造成部分雏鸡怯场，失去斗志，对均匀度提升造成很大的影响；要每天观察吃料情况，计算料位。以第一次加料时让鸡只全部同时吃到料为准。②一定要坚持"三同"原则：同一时间内、相同条件下每只雏鸡都能吃到同等质量的料量。③着重考虑体重，选种前不必限饲，严格淘汰腿和骨架等有缺陷、羽毛覆盖不良的鸡只。④开始在舍外饲喂，喂给青绿饲料和全价料兑拌的饲料。每次喂给青绿饲料拌入少量精饲料时，饲喂时间不得长于 4 个小时，以防止饲料变质发霉。采取合理刺激，以引逗柴鸡准时回来吃料。⑤补充保健沙按 3 克/只，加入饲料中。另外，在舍外活动区内直接散落少量保健沙石供鸡自由采食亦可。

本周免疫任务：鸡新城疫 Lasota 株 + 马立克疫苗 + Con。

第6周：本周的管理重点是调教柴鸡准时回窝，用固定响声引柴鸡吃料，以逗引柴鸡按时回窝。适当放出育雏活动区。放鸡出育雏活动区时，早上不喂精饲料，每天中午固定时间刺激柴鸡回来吃料。补充保健沙按3克/只，加入饲料中供给。另外，在舍外活动区内直接散落少量保健沙石供鸡自由采食亦可。

本周免疫任务：鸡乙肝疫苗。

做好育雏期的工作总结：①对于柴鸡要采取第一次选择：淘汰体重偏小鸡只、弱鸡和残鸡。这一周由技术人员决定淘汰哪些鸡。②这一周要对员工育雏期工作进行评价和肯定，通过对鸡群的健康评估，评选出优级的鸡群。

三、肉用、蛋用和种用柴鸡的舍外放养期育成期管理

柴鸡育成期管理采用放牧饲养结合补饲的饲养方式。放牧饲养就是把柴鸡放到野外去养，适宜场所包括荒地、果园、农田，鸡在宽广的放牧场地上能得到充足的阳光、新鲜空气和运动空间，采食青草、虫蛹、腐殖质、植物子实等各种营养丰富的天然饲料。散养开始采用早上放开使其自由采食，晚上收回的方式。具体做法是：在天气较好的情况下，用笼具将雏鸡运到放养场所，将它们放到野外使其自由活动、采食，傍晚结合补饲用盆敲或吹哨等方法给鸡一个信号，等有部分鸡回来以后给鸡撒些饲料，这样其他的鸡见有东西吃也会回来，久而久之就会形成一种条件反射，鸡只要听到这种声音就会回来。无论是傍晚收鸡还是天气不好时都可用这种信号将鸡召回，很方便野外管理。如果饲养的数量不大，就可一直使用这种早放晚收的形式，直到鸡长大；如果数量较大，这种方式就不太方便，可以在场地里搭建一些临时的窝棚或简易房，只要能避风雨即可。这样可以很方便地放牧收回。现在野外放养多采用围网放养的方式，即用1～1.5

米高的尼龙网把所选定的地块围起来，形成一个封闭的环境，鸡可以在这里面自由采食，以免鸡无限制地乱跑造成丢失。围网面积的大小视鸡群数量而定，一般一亩地可放 200 只左右的鸡。由于野外放养鸡的活动空间很大，一般不存在争抢食物的问题。

应供给鸡充足的饮水：由于野外自然水源很少，所以必须在鸡活动的范围内放置一些脸盆、瓷盆等饮水器具，尤其在夏天更应如此，否则就会影响鸡的生长发育，甚至造成疾病。最好安装自动饮水器，这样既安全又卫生。根据运动场的大小，在运动场周围每 15 米安装一个自动饮水器。走好地下水线，最好是深埋地下 0.5 米以下，以防止冬季上冻。若是山区地带，要同时做好水线防冻和防晒工作。

应定时进行补饲：由于鸡只的活动范围不是无限的，所以它所采食的食物不可能完全满足其生长发育的需求，所以应及时补饲。补饲一般一天 1～2 次均可，但时间要固定，不可随意改动。这样可加强鸡的条件反射，巩固训练成果。每天补饲的数量应视季节和场地内可采食到的食物多少而定。盛夏各种昆虫、植物较多，可适当少补饲；初夏或秋末食物欠缺，可适当多补。一般补饲量占其采食量的 1/3～1/2。另外在昆虫较多的季节，可在鸡栖息的地方挂些紫光灯或一般白炽灯泡，夜间可吸引一些昆虫供鸡采食。由于华北柴鸡的遗传基因决定其生长发育较慢，所以在食物方面就不能欠缺，以免影响其发育。

由于在野外放养鸡不可避免地要接触到粪便、虫卵等，容易引起鸡的寄生虫病，所以要定期进行驱虫。一般用左旋咪唑或丙硫咪唑即可，同时也要定期用些中草药等药物驱一下球虫。

饲养设备及饲养面积：晚间冬季休息舍的饲养密度为 10～12 只/米^2；料槽为 13 厘米/只；料盘或料桶为 12～14 只/个；普拉松为 75 只/个；乳头 10 只/个；保健沙食槽 1 厘米/只。

饲养方法：育成期饲养控制非常重要，通过饲料控制确保体重增长符合标准，均匀度良好，以保证开产整齐。由于育成期给柴鸡的精料量极小，鸡只吃料快，这样会影响鸡群的均匀度，因此要采用限量定时饲喂的办法。最好是在精饲料中加入精料三倍青绿饲料，让其吃饱为好。

鸡群均匀度：均匀度是反映鸡群中鸡只之间发育差异的指标，均匀度高说明最高与最低体重差别小，开产时发育整齐，高峰产蛋率良好。鸡只均匀度可从体重及鸡骨架发育状况，换羽整齐程度，抗体是否均匀，性成熟是否均匀（加光时观察鸡冠颜色变化）等方面检查。

均匀度计算方法：称重抽样 3%～5%，抽样鸡只要全部称重，在平均体重上下 10% 的范围内的鸡数占所抽样总鸡数的百分比为该鸡群均匀度。若群体偏小的话，要加大称重鸡只的数量，称量鸡只不少于 100 只。

影响鸡群均匀度的因素：①进鸡时残留甲醛；②不同周龄来源的雏鸡混养；③断喙质量不高；④温度过高或过低；⑤饲料分布不均匀；⑥喂料量不正确；⑦饲料粉率过高或颗粒过大；⑧贮存时间过长；⑨供水不足；⑩饲料能量过高或过低；⑪喂料时光照强度不够；⑫料线高度不正确；⑬喂料时间不规律；⑭鸡只数量不准确或隔栏串鸡；⑮疾病或寄生虫影响。

抽样称重的方法：抽样称重是一项非常重要的工作，关系到饲养者是否能合理准确确定饲料量。称量器具必须经过检查，准确度高，最小分度 20 克。每舍选择抽样点至少 6 个。每个抽样点所围的鸡只必须全部称重。抽样点、抽样数量、抽样时间要固定。抽样数量为 3%～5%，每次抽样数不得少于 100 只。称重人员要固定，观察方法及记录要准确。称重结束后马上计算体重、均匀度，以便确定料量。12 周选淘鉴别错误的鸡只，到 17 周应把鉴别错误的鸡只完全淘汰。

限水计划：限制光照同时限水。限料日定点供水，可以有效控制舍内湿度。

光照控制程序及鸡舍饲养管理：光照与母鸡产蛋有很大影响，光照通过刺激脑垂体，产生卵泡刺激素、黄体生成素两种激素，促进卵巢发育和卵泡生成。

增加光照可采用增加光照时间或光照强度的方法。在封闭鸡舍，光照控制要从减到 8 小时开始直到 152 或 154 日龄，这期间要做好遮光，以有效控制柴鸡的体成熟和性成熟同步发育。

光照强度：在封闭鸡舍育成期光照强度 5～10 勒克斯，测定位置为鸡头部。光照强度要使鸡只能看到水、料。光照强度低会减少鸡只活动。育成期不能增加光照强度。

光照均匀：避免鸡舍内有太亮或太暗的地方。光照均匀度对鸡体重生长及性成熟整齐度有影响。

柴鸡要取得高水平的生产性能，取决于在育成期几个相关管理技术的结合运用。在柴鸡的一生中，日照时间和光照强度对生殖系统的发育起着关键性的作用。在建立有效的光照模式时，必须对两者综合考虑。正是在育成期和产蛋期对日照时间和光照强度的要求不同，从而控制和促进了卵巢和睾丸的发育。柴鸡对日照时间和光照强度增加的反应好坏，主要取决于育成期是否达到了体重标准、鸡群的均匀度好坏和营养摄入是否适宜。柴鸡使用不适宜的光照程序，将导致对柴鸡刺激过度或刺激不足，影响柴鸡生产性能的发挥。

育成期（43～120 日龄）是指雏鸡经育雏脱温后到母鸡开产、公鸡上市阶段，是鸡生长发育的关键期，要注意以下饲养管理技术要点：

（1）放养季节选择：尽量安排雏鸡脱温后在白天气温不低于 14℃时，舍外阳光充足时开始放养。

（2）放养驯导与调教；为使柴鸡按时返回棚舍，便于饲喂，脱温的柴鸡在早晚放归时，可定时用敲盆或吹哨来驯导和调教。

最好俩人配合，一人在前面吹哨开道并抛撒饲料，让鸡跟随哄抢；另一人在后面用竹竿驱赶，直到全部进入饲喂场地。为强化效果，开始的前几天，每天中午在放养区内设置补料槽和水槽，加少量的全价饲料和清水，吹哨并引食 1 次。同时，饲养员应及时赶走提前归舍的鸡。傍晚再用同样的方法进行归舍驯导。如此反复训练几天，鸡群就能建立条件反射。

（3）供给充足的饮水：在鸡活动的范围内放置一些饮水器具，如每 50 只鸡准备 1 瓷盆水。同时避免让鸡喝不干净的水。

（4）定时定量补饲：补饲时间要固定，不可随意改动。夏秋季可以少补，春冬季可多补一些，30～60 日龄日补精料 25 克左右，日补 1～2 次。参考配方为：玉米 61%、豆粕 15%、花生饼 6%、麸皮 7%、细糠 5%、鱼粉 3%、骨粉 1.7%、植物油 1%、食盐 0.3%。8 周龄后，要提高饲料的能量浓度和饲喂量，还需要增加油脂，但不可加膻味浓的牛油、羊油等脂肪。油脂的添加量为 3%～5%。日补精料量，3～4 月龄补 30～35 克，5～6 月龄补 40～45 克，7～8 月龄补 50～55 克，日补 2 次，早晚各 1 次。

（5）发酵生虫：在放牧场内利用经杀菌消毒处理发酵的猪、鸡粪加 20% 的肥土和 3% 的糠麸拌匀堆成堆后，覆膜发酵 7 天左右，将发酵料铺在砖砌地面上，用草盖好，潮湿处理 20 天左右即可生虫。每天将发酵料翻撒一部分，供鸡食用，可节约饲料 30%。

（6）补充光照：冬春季节自然光照短，必须实行人工补光。每平方米以 5 瓦为宜。补光时间为傍晚到晚 10 时，或早晨 6 时到天亮。不能突然长时间补光，每日光照增半小时，逐渐过渡到晚上 10 时。若自然光照超过每日 11 小时，可不补光。晚上熄灯后，还应有一些光线不强的灯通宵照明，使鸡可以行走和饮水。在夏季昆虫较多时，可在栖息的地方挂些紫光灯或白炽灯。

（7）防兽害和药害：要采取措施防止黄鼠狼、老鹰等天敌捕鸡。若在果园内放养柴鸡，喷洒农药时一定要使用生物农药。

（8）定期防疫与驱虫：按鸡疫病防疫程序：7日龄鸡新城疫Ⅳ系冻干苗滴鼻或点眼1头份。14日龄防疫法氏囊炎1头份。22日龄鸡新城疫Ⅳ系冻干苗滴鼻或点眼1.5头份，鸡痘皮下刺种双针；40日龄禽流感油苗茎背部皮下注射0.4毫升；50日龄喉气管炎冻干苗点眼1头份；60日龄新城疫油苗肌内注射1头份；90日龄喉气管炎冻干苗点眼1头份；110日龄鸡痘冻干苗皮下刺双针，新城疫油苗肌内注射0.6毫升，新城疫Ⅳ系饮水4头份；120日龄禽流感油苗肌内注射0.6毫升。定期使用药物进行驱虫。

（9）精心管理：育成期管理要做到"五勤"。一是放鸡时勤观察。健康鸡总是争先恐后向外飞跑，病弱鸡行动迟缓或不愿离舍。二是清扫时勤观察。清扫鸡舍和清粪时，观察粪便是否正常。三是补料时勤观察。补料时勤观察鸡的精神状态，健康鸡往往显得迫不及待，病弱鸡不吃食或反应迟钝。四是呼吸时勤观察。晚上关灯后倾听鸡的呼吸是否正常，若带有"咯咯"声，则说明呼吸道有疾病。五是采食时勤观察。从放养到开产前，采食量逐渐增加为正常。若发现病鸡，应及时治疗和隔离。

周管理重点：

第7～10周：柴鸡进入7周后，鸡群生长发育进入一个新的转折点，将提高鸡群的条件反射放到首要位置，确保柴鸡能按时回窝。本周试着把柴鸡群放到最大的活动场所，放出柴鸡前不要喂料，等放出两小时后开始喂料，同时也要逗鸡舍外喝水。每天在舍外喂料3次。下午提前让柴鸡回窝。本阶段要补充保健沙，按3.5克/只，加入饲料中供给。另外有一种投放保健沙的方法，就是在活动区的固定位置上设定专一供保健沙的设备。

8周时第一次药物驱寄生虫。免疫：lasota饮水。做好柴鸡的最后分群工作。

第 11～13 周：第 2 次药物驱寄生虫。10 周免疫：ILT 传喉。11 周以后每天晚上只喂料一次，以补充舍外活动采食不足。此期仍是以青绿饲料为主。本阶段要补充保健沙，按 4 克/只，加入饲料中供给。另外有一种投放保健沙的方法，就是在活动区的固定位置上设定专一供保健沙的设备。

13 周免疫：Lasota + Ma + Con 点眼，和新城疫灭活疫苗 – K 肌内注射。

第 14～18 周：14～18 周是生殖系统快速发育期，这一时间的均匀度直接决定了性成熟均匀度的高低。性成熟均匀度的高低又直接决定了柴鸡一生中的产蛋高峰的高低。这一时期的管理也非常重要。所以这个时期为第二个管理重点期。管理重点为控制增重的合理性。14 周睾丸开始增长，若 14 周之后公鸡的周增重不够会抑制睾丸的生长，会影响以后精子的产量和活力。

15 周免疫：鸡水痘疫苗 POX 插翅，禽流感疫苗（H5 + H9）肌内注射。引起双黄过多的原理有三个方面：①生殖腺发育期，营养过剩或其他方面原因，使卵细胞发育成熟过快，卵细胞之间差异偏小；②卵泡成熟期营养过剩，使卵泡发育成熟过快，卵泡之间差异偏小；③外界应激，鸡只受惊吓，引起不成熟卵泡提前落入输卵管内。16～18 周的管理：胸肌丰满度控制不好：胸肌丰满度要有所增加；胸肌变化很关键；耻骨间系加宽；耻骨尖有肌肉；胸肌代表着能量贮积；料量加的过猛；主要是在 18 周后。

17 周免疫：减蛋综合征（EDS – 76）。

作为肉食用的柴鸡处理完，若产蛋鸡要做种用的话，应按 1:10 去存留公鸡，以确保受精率和孵化率的提高。本阶段要按 4 克/只补充保健沙，加入饲料中供给。

蛋用或种用柴鸡产蛋准备期（15～18 周）的管理重点：在这个阶段里要做好产蛋前的所有准备工作，15 周前要准备好产蛋箱，保证数量和质量。在 17 周前一定要安装好所有产蛋箱，训练所有母鸡回窝休息，认识产蛋箱。

作为种鸡使用的柴鸡场还要准备一系列的孵化设备：建设一套保温性能良好的孵化出雏房间；与孵化出雏配套的孵化箱和出雏箱；与孵化出雏厅内配套的设备备齐；配套发电机组一套。

柴鸡种鸡的管理也要有配套管理措施。

四、蛋用、种用柴鸡的产蛋高峰前期的管理

作为种用的柴鸡和产蛋鸡的柴鸡，此阶段管理重点是训练回窝休息和母鸡回窝产蛋。训练鸡回窝休息要从放养的第一天就开始。

训练母鸡习惯上棚架，习惯在棚架上栖息：对母鸡不断地来回赶动，每隔 30 分钟进行一次，但是必须给它们一定的休息时间。在熄灯之前要经常驱赶鸡群，让鸡群全部上棚架后再关灯。晚上熄灯之后，将提灯打开放在滑车上，照射 10 分钟，将中间的鸡只抓到棚架上，让鸡群习惯在棚架上栖息过夜。

开产时训练母鸡上蛋箱，减少窝外蛋：鸡群转来后，要求将蛋箱在开灯时间打开。在熄灯之前，一定要将蛋箱关闭，防止鸡群在蛋箱内过夜污染蛋箱，影响鸡群的活动。平时的重要工作是抱鸡认窝：将出现性反应的鸡只即趴在地上振动着翅膀的母鸡抱到蛋窝内，让母鸡在蛋箱里面就巢。

在经常趴鸡的地方放上蛋托或其他不利于鸡只在此处卧下的东西，强制鸡只进入蛋箱产蛋，尤其注意垫料的角角落落，一定要放上蛋托或其他不利于鸡只在此处卧下的东西。当见到第一枚蛋时，要求及时将落地蛋捡到蛋箱内，要将蛋放到蛋箱最显眼的蛋窝内，以做引蛋。从见蛋到高峰前这段时间，要每半个小时捡一次地面蛋，并抱鸡上窝，防止鸡群在角落处的蛋箱外下蛋。

防止母鸡前期死淘率增加：前期母鸡死淘率高的原因多数是

因为外伤引起的，引起外伤主要原因有公鸡踩伤母鸡和其他机械外伤。这就要求员工在鸡舍内不停巡查，及时发现体弱母鸡和性成熟早的母鸡，并配合抱鸡上窝工作一同进行。这阶段员工值班很重要。

严格执行好卫生防疫消毒制度。这阶段是疾病高发期，如何确保鸡群健康是首要问题。要采取一系列的防范措施，鸡舍人员要严格执行卫生防疫消毒制度；同时给鸡群创造良好的生存条件（温度、通风、饮水、喂料），合理使用各种用具和设备。

柴鸡周分期管理重点：

第19～20周：习惯在棚架上栖息的好处是减少垫料中鸡粪的含量，使鸡只呼吸到新鲜的空气，促进鸡养成上下棚架的习惯，促使公母鸡融为一体。训练母鸡习惯上棚架，习惯在棚架上栖息，对母鸡不断地来回地赶动，每隔30分钟进行一次，但是必须给它们一定的休息时间。在熄灯之前要经常赶动鸡群，让鸡群全部上棚架后再关灯。晚上熄灯之后，将提灯打开放在滑车上，照射10分钟，将中间的鸡只抓到棚架上，让鸡群习惯在棚架上栖息过夜。第三次药物驱寄生虫。16～20周龄产蛋预备阶段体重控制管理：在本阶段，保持母鸡足够的体重连续增长，对达到尽可能高产蛋高峰及维持尽可能久的产蛋高峰是至关重要的。同时，母鸡加光时的体重同样重要。这就意味着母鸡在加光时必须有充足的肌肉和脂肪沉积。

通常的衡量标准是，自16周龄到20周龄加光刺激时间，母鸡体重增长要达到33%～35%。如果加光刺激时间晚于140日龄，则母鸡体重增长幅度要达到45%～50%。

免疫：lasota + Ma + Con 点眼。

关键控制点：①把握饲料量与青绿饲料配合为重点。②保证在合适周龄、理想体况下进行光照刺激。③维持稳定的骨架大小。④贮备充足的肌肉和脂肪沉积。⑤避免体重增长大起大落。

⑥一般来说，鸡群加光刺激应以体重为依据，而不是以周龄为依据。在很大范围内，体重均匀度可以体现性成熟均匀度、高峰产蛋性能以及产蛋率在90%～94%的持久性。

请记住，如果鸡群发育没有达到理想状况，最好要推迟光照刺激。提高柴鸡群产蛋性能的最好途径是通过完善喂料程序及体重控制使鸡群对光照刺激产生一致反应。母鸡对光照刺激的反应取决于鸡群发育状况及体重。尤为重要的是，不要对体重偏低的鸡群进行光照刺激。鸡群均匀度最小达到78%以上，同时体重要达到可进行光照刺激的品种标准体重要求时才可以进行光照刺激。如果平均体重或均匀度任何一项低于标准要求时，要考虑适当推迟光照刺激。

第21～23周：产蛋率已接近高峰期，补充料量达到最高料量，饲喂青绿饲料加全价精饲料，让鸡只吃饱料。饲喂的办法是先用青绿饲料饲喂3个小时，然后再用70%青绿饲料配合30%全价自配饲料，让鸡只尽量吃饱为好。

22周免疫：lasota点眼或饮水免疫。

五、蛋用、种用柴鸡的产蛋期的管理

饲养设备及饲养面积：棚架鸡舍饲养密度为10～12只/米^2。采食料槽15厘米/只，料盘10～14只/个。饮水器普拉松75只/个，乳头8～10只/个。产蛋箱普通型4只/窝，自动型5.5只/窝。

产蛋前期的饲养管理：母鸡体重达1.3～1.5千克时开产，商品蛋鸡群公母比例为1:25。饲养管理是白天让鸡在放养区内自由采食，早晨和傍晚各补饲1次，日补饲量以每只50～55克为宜。在整个产蛋期（168～600日龄）要做到以下几点：

（1）产蛋期营养浓度：饲料应以精料为主，适当补饲青绿多汁饲料，其精料营养浓度，粗蛋白含量在15%～16%、钙为

3.5%、磷为 0.33%、食盐为 0.37%。要加强鸡过渡期的管理，由育成期转为产蛋期，喂料要有一个过渡期，当产蛋率在 5% 时，开始喂蛋期鸡料，一般过渡期为 6 天，在精料中每 2 天换 1/3，最后完全变为蛋鸡自配料。

（2）增加光照时间：一般实行早晚两次补光，早晨固定在 6 时开始，补到天亮；傍晚 6 点半开始，补到 10 时，全天光照为 16 小时以上。产蛋 2～3 个月后，将每日光照时间调整为 17 小时，早晨补光从 5 时开始，傍晚不变，补光的同时补料。补光一经固定下来，就不要轻易改变。

（3）产蛋初期饲养：一看蛋重，产蛋 2 个月后，蛋重基本达到正常标准，平均 24 个鸡蛋重 1 千克，营养不足会影响蛋的重量。二看蛋形，柴鸡蛋蛋形圆满。若蛋大端偏小，是欠早食，应补充足够的精料。三看产蛋率上升趋势，最迟 3 个月后产蛋率达到 90% 左右。如果产蛋率波动较大，要从饲养管理上找原因。四看鸡体重，产蛋一段时间后，如鸡体重不变，说明管理恰当。鸡过肥或过瘦，都应调整饲喂量。五看食欲，喂鸡时，鸡很快围聚争食，可以适当多喂些；若来得慢，不聚拢争食，应少喂些。

（4）预防母鸡就巢性：幽暗环境和窝内积蛋不取，可诱发母鸡就巢性，所以应增加捡蛋次数，做到当日蛋不在产蛋窝内过夜。一旦发现就巢鸡应及时改变环境，将其放在凉爽明亮的地方，多喂些青绿多汁饲料，鸡会很快离巢。

（5）严格防疫消毒：在放养环境中生长的柴鸡，容易受外界疾病的影响，所以防疫、消毒工作必须到位。一要在兽医人员指导下严格按照鸡疫病防疫程序进行防治。二要搞好卫生消毒，放养场进出口设消毒带或消毒池，并谢绝参观。三要做到"全进全出"，每批鸡放养完后，应对鸡棚彻底清扫、消毒，对所用器具、盆槽等熏蒸 1 次再进下一批鸡。

（6）注意天气预报：恶劣天气或天气不好时，应及时将鸡群赶回棚内进行舍饲，不要上山放养，避免死伤造成损失。

产蛋舍设备使用要求：会安全使用，正常地维护与保养。

水线：每天开灯前进行冲洗，冲洗时间不得少于 10 分钟。冲洗方法为先将水线两头的排水阀门打开，之后将调压阀打到冲洗挡上，打开工作间的供水阀门，开始冲洗 10～15 分钟，之后将调压阀打到供水挡上，然后将水线两端的冲水阀门关闭。不论饮用任何一种药物，在水线投药时都要将配比好的药物在最短的时间内冲到水线的两端，让鸡舍内的所有鸡群在同一时间内一块饮用，大约需要 5 分钟的时间。每天在关灯之后要将水线关闭，停止供水。水线管道和乳头不能有漏水现象。每天要求对水线的外壁用消毒药水擦洗一次，保证水线的干净整洁。禽类无软腭，只有角质化的喙，不能形成真空腔吸水，水线高度应使母鸡能以 60°的伸颈角度饮水，减少水的浪费。开始使用水线时，乳头的高度与母鸡的眼睛相平；适应水线之后，母鸡以 60°的伸颈角度饮水。

灯线：产蛋柴鸡对光照的要求比较严格，加光可以刺激生殖系统的发育，光照强度要求达到 30～60 勒克斯，光照时间要求达到 16 个小时，光照不可间隔，光照强度应均匀，否则容易出现抱窝现象。

风机：开风机前要检查风机叶片周围有无障碍物。每次开关风机时要细心观察和聆听风机的运转情况，风机有噪声或电机嗡嗡响均属不正常的表现，要及时关闭动力电源，排除故障。风机运转时，要求尽可能地发挥风机的最佳通风量，百叶窗开启呈水平状态，风机保护网上无灰尘。风机排风口外无过高的杂草，但也不可没有杂草，要求草的高度为 50 厘米，以便降低排出风量。关闭风机后要求检查百叶窗有无落下，以防止通风短路。风机开启数量的标准：尽量将鸡舍的温度维持在 18～25℃；鸡舍的后头氨气不能过量，应当保持空气新鲜；大风大雾时应尽量地减少风机的数量，减少污浊空气进入鸡舍的数量。及时清除风机上的灰尘，保持风机的整洁。

蛋箱：开灯后就要将蛋箱的踏板打开，晚上 7 时半以后关闭 2/3 的蛋箱，晚上关灯之前，必须将剩余的蛋箱关闭，并保证蛋箱内无鸡只存在。蛋箱内要保持 10 厘米厚的垫料，垫料要平整。蛋箱内不得有鸡粪、破蛋壳及杂物。蛋箱要求干净整洁，无损坏，有损坏要及时修复。

棚架架板上鸡粪的危害：严重影响到日常带鸡消毒；因为消毒药对有机质穿透力很差，消毒药对鸡粪可以说没有消毒效果；使鸡舍内鸡脚垫发病率增加；鸡粪是病原微生物繁殖的天然培养物；鸡粪是舍内小环境恶化的又一主要原因；病原体变异的主要条件。

棚架架板上鸡粪的清理：将处理架板上的鸡粪作为鸡舍小环境卫生控制的主要工作；应把架板上的鸡粪清理干净；架板之上不能有多余的鸡粪，这应作为日常管理中必做的工作；确保架板干净。

水质管理：水质的好坏至关重要，水质不好会造成：鸡只拉稀；影响饲料营养的正常吸收，营养会随多余水分排出体外；造成鸡舍湿度大；粪便潮湿，不利于鸡舍环境控制，可造成病原微生物生长，腿病发生。

集蛋管理：产蛋箱要始终保持清洁。任何脏物、破蛋和含粪便物质均应立即清除，并补充新的干净垫料。在开产早期，母鸡往往会将垫料搔扒至蛋箱之外，但是，它们很快就会中止这种习惯。

饲养员经常在产蛋舍中走动是将地面蛋降至最小限度的一种较好的管理技术。

在鸡舍中走动能扰乱那些在垫料上或在鸡舍角落中寻找产蛋地点的母鸡，并促使它们到蛋箱中去产蛋。

每天至少捡蛋 4 遍。在产蛋高峰期，推荐捡蛋 6 遍。

种蛋在产蛋箱中的温度，特别是在炎热的季节会接近孵化器内的温度。因此，种蛋必须及时收集、降温，以防被预孵化而导致鸡胚发育。这样做，能减少早期死胚的数量，并改善种蛋孵化率。

利用地面蛋会降低孵化率，并存在卫生风险，不允许将地面蛋放入产蛋箱内。地面蛋应该和蛋箱蛋分开放置，并且有明确的标志。如果地面蛋要入孵的话，应当使用单独的孵化器进行孵化。

捡蛋前后均需洗手。接触地面蛋前后也要洗手。

在捡蛋的全过程中都要十分小心，以防碰撞产生裂纹蛋。种蛋应分类放入塑料蛋盘中。

加强对产蛋箱的管理，训练鸡只到产蛋箱内产蛋，减少地面蛋、破蛋、棚架蛋，清理产蛋箱及箱内胶垫，最好每天 1 次，以减少对种蛋的污染。

单遍捡蛋数量如超过全天产蛋量的 30% 应调整捡蛋时间。

捡蛋前，应清理和消毒滑车，将滑车封闭，防止鸡只飞上滑车。鸡舍内外蛋盘应分开使用。

捡蛋时动作要轻，尤其是产蛋箱内有鸡时，尽量减少应激，为降低脏、破蛋率，要经常捡窝外蛋。

捡完蛋后立即在工作间内选蛋，种蛋不能用水洗或湿布擦洗，选出淘汰蛋、破蛋、畸形蛋等不符合种蛋要求的蛋，并将淘汰蛋与好蛋分开，选出好的种蛋，大头朝上放在蛋盘上，每盘种蛋要有标志。

正常状况下种蛋的运输：

（1）种蛋运输过程中应该使用保温、防尘的覆盖物（如棉被）覆盖。

（2）覆盖种蛋用的棉被一定要保证干净、干燥。必须按照要求定期更换（清洗）被罩、熏蒸消毒棉被。严禁随处乱放覆盖种蛋用的棉被。

（3）每周三、日早上8时更换（清洗）被罩，每周日下午4时熏蒸棉被。每场至少准备两床棉被，四副被罩。被罩细菌化验超标准者禁用。

（4）熏蒸棉被与蛋库定期的熏蒸消毒相结合，要将棉被平铺在一定的支架上，根据熏蒸室的体积计算熏蒸用量，熏蒸20分钟后，进行通风。

（5）不能拖拉蛋托，防止磨损。

特殊状况下种蛋的运输：种蛋应有专门存放的地方。天气恶劣，无法正常运输的情况下，可适度推迟种蛋入库的时间，但是原则上种蛋不能在鸡舍过夜。雨雪天，能够运输种蛋的情况下，务必要保证运输的安全。每场准备一套备用雨棚架，天气不好的时候装在三轮车上使用。

种蛋在生产场内存放时间不得超过两天。

拉蛋车管理规定：

（1）注意保持车厢内的清洁、卫生，避免污物对种蛋造成污染。

（2）运输过程中，注意行车安全，车辆行驶平稳，保证种蛋安全，严禁驾驶员饮酒。

（3）种蛋交接时，查明数量后，方可签字离开。

（4）覆盖种蛋用的棉被严禁"下车"，使用清洁、卫生的支架或容器进行存放。种蛋装车时要将棉被铺放平整。

（5）覆盖种蛋的棉被、被罩应定期清洗、勤更换，避免不卫生的棉被对种蛋造成污染。不使用时选在天气晴朗的时候在日光下晾晒。

垫料平养柴鸡的地面蛋不仅本身很难孵化出合格雏鸡，若在浮箱里"爆炸"散菌，更会污染其他种蛋，所以很多管理者对地面蛋都很重视，采取过用砂纸打磨种蛋或将种蛋放在孵化箱底部以减少"爆炸污染"等等办法，但效果都很有限。出于经济考虑，抛弃所有的地面蛋也不现实，地面蛋经常让管理者陷于质量和效益的矛盾而难以取舍。对此我们的经验是，与其不断地考虑净化地面蛋，不如致力于从根本上减少地面蛋，理清地面蛋的成因和矫正方法，尝试从源头上解决这个问题。

一般来说，平养母鸡继承了祖先在地面营巢做窝的天性，而在现代化饲养场里，它们需要习惯使用人工蛋箱。所以，训练母鸡开始自觉使用蛋箱产蛋是减少地面蛋的根本，任何可能干扰这个过程的因素，都会造成地面蛋的产生。比如，现代饲养者不断追求母鸡的均匀度，但均匀度越高，鸡群的产蛋时间越集中。实践也证明了这一点，即均匀度较高的鸡群 60% 的鸡只在上午，也就是开灯后的几小时产蛋。若蛋箱的数量不足而母鸡又没有学会排队的话，它当然会迫不得已在饮水器下、墙边等处产蛋造成地面蛋。一旦第一个地面蛋出现了，其他鸡就会模仿，造成更多地面蛋的产生。

容易导致地面蛋的因素还包括产蛋箱的设计、数量、摆放位置、填充材料等。

（1）关于蛋箱的设计，因为大家现在多使用外购的标准蛋箱，所以在设计上多符合要求。假如需要自己制作，则必须符合昏暗、干燥、凉爽透气和尺寸合理等要求。

（2）通常为每 4 只母鸡提供一个标准蛋窝，常见的 16 窝蛋箱在放置合理、设计舒适的前提下可满足 64 只母鸡的要求。但这是在一般饲养手册标示均匀度时的用量，如果鸡群均匀度非常好，要注意多加产蛋箱，维系好蛋箱和鸡只的比例。

（3）母鸡作窝的习惯因产蛋期的开始而出现，在即将开产前，放置、开放、填充蛋箱等一系列的活动因能迎合鸡只"探求、寻找"的心理而有特别的效果。所以，摆放蛋箱的时机，开放舍饲养的可以选择在 18～20 周母鸡开产前，遮黑舍饲养的应选择在加光时放入。在选择摆放产蛋箱位置时，应考虑母鸡产蛋时对安全和舒适的要求，摆放在透风良好的地方，避免放在较冷的、有贼风的、光线很强的地方。鉴于地面蛋多在蛋箱下的阴暗处被发现，蛋箱或灯泡的排列要考虑减少这些因素的影响，同时在符合品种要求的前提下，蛋箱要求离地面尽量高些。不过当地面蛋的比例较高时，可将蛋箱直接在地面上放置数周后再恢复正常的高度。填充材料的选择除满足母鸡的舒适、卫生、防霉等要求外，尽量要与地面垫料的材质相区别，同时地面的垫料不要铺得太厚以避免引诱母鸡作窝。

在柴鸡刚开产时，及时多次拾起地面蛋非常重要，建议每小时捡蛋一次，直到下午，否则未及时拾起的地面蛋有坏的示范作用。在此期间，饲养员应该注意找到产地面蛋的母鸡，加以纠正，温和地把它们抱起放到产蛋箱里，让它们学会使用蛋箱。

六、柴鸡淘汰后的清理工作

现在柴鸡场谈疫色变，尤其是发生在高峰期左右的疫情。疫苗防疫很频繁，隔离消毒也可以说做得不错了，但就是杜绝不了疫情的发生。可能许多人都能说出许多原因来，有一个原因是不容忽视的，即上批鸡淘汰后清理是否彻底，间隔期是否足够长。现在人们最关心的病是禽流感，都知道它的病原毒株极易变异，在清理过程中，如果不彻底，就会给下批饲养的柴鸡带来灭顶之灾。在现有柴鸡场清理消毒过程中，好多鸡场重视舍内清理工作，往往忽视了舍外清理。

清理的目的是彻底杜绝本批鸡所携带的病原微生物对下批鸡的危害。要求做到冲洗全面干净、消毒彻底完全。淘汰鸡后的消毒与隔离要从清理、冲洗和消毒三方面去下工夫，才能达到所要求的目的。

做好报表统计工作，并清点好鸡数和物品。做好淘汰鸡前后的所有工作。进行物品清点，小件贵重物品及时交仓库以防丢失。同时要及时淘汰不合格的种蛋以防止种蛋污染。

1. 休整期的重点工作就是一个"净"字

（1）舍内外所有与上批鸡有关的有用或无用物品全部清理干净，使生产区内只看到地面，所有物品全部清理到固定地方，进行分类处理。无用物品一定要清理干净，并清出生产区，以减少细菌传播。

（2）清理鸡粪后，把舍内外所有鸡粪与垫料清理干净，鸡舍外不能见到鸡粪和垫料。

（3）冲洗鸡舍前，对舍内各个角落进行认真清理，打扫干净，看不见成堆鸡粪后再进行冲洗，以最大限度减少对舍外的污染，这样做也减少了冲洗的难度。

（4）舍内不留存水的地方：冲洗工作完成后，清理干净舍内所有存水，促进舍内尽快干燥，因为干燥是最廉价的消毒手段。大消毒后的存水地方也要清理干净存水，以使舍内尽快干燥。

（5）舍外净区，将表面腐蚀的泥土清理干净，漏出全部新土，撒上生石灰，再洒水。污区也要把舍外鸡粪清理干净，同时清理干净上批鸡饲养期间存下的杂草和树叶。

（6）鸡舍冲洗干净后，立即冲洗干净舍内外下水道，以防止造成二次污染。

2. 正常冲洗情况下，我们要做到以下几点，就能保证柴鸡的生产安全　淘汰完柴鸡到进鸡时要有 2 个月间隔；35 天内舍内完全冲洗干净；舍内干燥期不低于 10 天；舍内墙壁地面冲洗干净后，空舍 10 天后，再刷 20% 生石灰；任何消毒（包括甲醛熏蒸消毒在内）都要把重点放在屋顶上；舍外污区清理干净后，不进人活动，最好撒生石灰，净区严格清理后也撒上生石灰，不要破坏生石灰形成的保护膜；舍外路面冲洗干净后，水泥路面洒20%生石灰水或5%氢氧化钠溶液；土地面铺1米宽砖路供育雏舍内人员行走；在育雏期间用煤渣垫路并撒上生石灰碾平（不用上批煤渣）；通风开始到接雏后20天注意进风口消毒；确保接雏20天内进入舍内的鞋底不接触到土地面。

清理工作是至关重要的，只有清理干净才能方便以后的工作。清理对下批鸡有用的设备、用具和物品，包括仓库内存放的东西，运到冲洗处进行冲洗。对本批鸡所有废弃不用的物品、垃圾彻底清理干净运到场外2千米以外的地方。用封闭车辆清理鸡粪，运到场外2千米以外的地方，并把清理完鸡粪的鸡舍清扫干净后进行冲洗。等到鸡舍内外水泥地面冲洗干净后，清理舍外的土地面上的腐蚀土和垃圾、废弃物品，运到场外2千米外。对厕所和下水道进行清理。

3. 鸡场的清扫程序

（1）计划：要保证鸡场清扫的有效性，清扫工作需要鸡场的所有工作人员共同参与。清扫鸡舍的同时，也是维护鸡舍及其设备的良好时机，但这要列入鸡舍的冲洗和消毒程序中。在柴鸡淘汰前，要制订出鸡场清扫具体日期、需要的时间、需要的人员及所使用的设备，以便所有的工作都能很好地完成。

（2）控制昆虫：昆虫是疾病重要的传播媒介，必须在其移居于木制品或其他物品中之前，将其杀灭。当柴鸡淘汰后，这时鸡舍还较温暖，应该立即在垫料、鸡舍设备和鸡舍墙壁的表面喷洒杀虫剂，或者选择在柴鸡淘汰前两周在鸡舍使用杀虫剂。第二次使用杀虫剂应在熏蒸消毒前进行。

（3）清扫灰尘：所有的灰尘、碎屑和蜘蛛网必须从风机轴、房梁、开放式鸡舍卷帘内侧、鸡舍内的凸处和墙角上清扫掉，最好使用扫帚。

（4）预加湿：在清理垫料和移出设备之前，应该对鸡舍从顶部到地面用便携式低压喷雾器喷洒消毒剂，从而使尘埃潮湿沉降下来。在开放式鸡舍，应先封闭卷帘。

（5）移出设备：所有的设备和设施（饮水器、料槽、栖息杆、产蛋箱、分隔栏等）应从鸡舍内移出，并放在舍外的水泥地面上，而不应把自动集蛋设施或鸡舍不易移动的设备移到鸡舍外。

（6）清除鸡舍内粪便和垫料：目的是从鸡舍内清除所有的粪便、垫料和碎屑，拖车和垃圾车在装满前应放在鸡舍内，装满的拖车和垃圾车在移动前要遮盖好，以免灰尘和碎屑在舍外被风吹得四处飘散。离开鸡舍时，车轮必须擦洗干净并消毒。

（7）粪便和垫料的处理：粪便和垫料必须拉到离鸡舍 1.5 千米以外的地方，按当地规定，在一周内散布在可耕作的或犁过的耕地表面，或者在垃圾填埋点挖坑，埋在地下堆积发酵一个月以上，或者撒在家畜放牧的草地上。

将下批鸡有用的设备、用具和物品冲洗干净，包括仓库内存放的东西。浸泡消毒后存放，准备最后统一消毒。冲洗鸡舍应先上后下，把鸡舍冲洗得一尘不染，冲洗的标准以存水不留痕迹为准。将生产区内的其他房间及清理后的厕所冲洗干净，用生石灰处理舍外土地面。

（8）冲洗：必须首先断开鸡舍内所有电器设备的开关。用含有发泡剂的水通过高压水枪冲洗，以清除残留在鸡舍和设备上的灰尘和碎屑。然后用含清洗剂的水进行擦洗。最后再用水枪冲洗干净。在冲洗过程中，应迅速把鸡舍内剩余的水排净。所有移到鸡舍外的设备必须浸泡和冲洗。在设备冲洗干净后，设备应在有遮盖物的条件下贮存。应特别注意鸡舍内以下几个部分：风机框、风机轴、风机扇叶、通风设备的支架、屋梁的顶部、各种支架和水管。

为了确保难以接近的地方能被冲洗干净，可以使用轻便梯和手提式便携灯，鸡舍外面也必须冲洗干净，并注意进气口、排水沟和水泥路面等。

在开放式鸡舍，卷帘内侧和外侧都必须冲洗干净。任何不能冲洗的物品（如聚乙烯制品、纸板等）都必须销毁。许多种工业用清洗剂都可以使用，在使用清洗剂时要注意参考厂家所提供的说明书。鸡场工作人员所使用的设施也需要彻底地清洗。蛋库要进行彻底的冲洗和消毒。加湿器在消毒前，需先拆装、检修和冲洗。

（9）饮水系统清洗程序如下：排干水箱和水管内所有的水；用清水冲刷水线；清除水箱内的污物和水垢，并把这些物质排到鸡舍外；在水箱内重新加入清水和清洁剂；把含有清洁剂的水从水箱输入到水线内，但注意不要出现气塞现象；水箱内含清洁剂的水要保持适当的高度，这样可以保证水管内的水有适当的压力，更换水箱盖并让消毒剂在水箱内最少保留4小时；用清水冲刷并把水排掉；在进鸡前重新加入清水。

水管内易形成水垢，因此应经常进行处理，以避免影响水的流速和造成细菌污染。水垢和细菌中的脂肪多聚糖易形成苔藓。水管所使用的材料，将影响到水垢形成的多少，如塑料的水管和水箱，由于存在静电特性从而易于细菌吸附。另外，在饮水中使用维生素和矿物质易形成水垢和其他物质发生聚合。用物理方法很难去掉水管内的水垢，在两批鸡之间使用高浓度的次氯酸钠或过氧化氢复合物可以溶解水管内的水垢。如果当地水中矿物质（特别是钙或铁）含量很高，在清洗中需要加一些酸，以便去除水垢。金属水管也可采用同样的清洗办法。但有时水管腐蚀易造成漏水，在对饮水系统进行处理前，应考虑水中矿物质含量。

蒸发冷却系统和喷雾系统应使用双硝酸清洗剂进行清洗，双硝酸清洗剂也可以在产蛋期使用，这样可以减少这些系统中的细菌数，并降低进入鸡舍的细菌数量。

（10）鸡舍的维修：干净的空鸡舍为建筑结构的维修提供了理想的时机。鸡舍一旦空置，应注意以下几项工作：用混凝土或水泥修补地面上的裂缝；修补墙体的勾缝和粉刷的水泥层；修复或替换已损坏的墙体和屋顶；如需要，用涂料或白石灰进行粉刷；确保鸡舍所有的门都能关严。

（11）老鼠和野鸟的控制：必须防止老鼠和野鸟进入鸡舍，因为它们会传播疾病和偷吃饲料。具体操作程序如下：检查所有墙壁、挡板和屋顶上的缝隙，需要时要修补好；确保所有的风机和进风口不会有野鸟进入；检查所有的门是否能关严，不要有缝隙；检查料线是否漏料，因为漏料会吸引害虫进入鸡舍；对于开放式鸡舍，必须设置防鸟网，并给予维修。鸡舍周围 1 ~ 3 米建成水泥或沙砾地面，将有利于阻止老鼠进入鸡舍。

4. 舍外清理工作也很重要　污区和路面都要清理干净，清理时先清理地面鸡粪、腐蚀土，以漏出新鲜土地为宜，按要求撒入生石灰，使其结成一层生石灰膜。生产期污区任何人不得进入活动。舍外路面冲洗干净后，水泥路面撒 20% 生石灰水或 5% 氢氧化钠溶液；土地面铺 1 米宽砖路供育雏舍内人员行走；在育雏期间用煤渣垫路并撒上生石灰碾平（不用上批煤渣）；通风开始到接雏以后 10 天注意进风口消毒；确保接雏 20 天内进入舍内的鞋底不接触到土地面。

土地（泥土）是病原体的培养基，病原体存活所需要的条件，如营养、水分和温度，泥土能全部提供。消毒剂对泥土中的病原体没有作用。土地（泥土）中病原微生物的来源主要有候鸟迁移中拉下的粪便；种地农民上地的鸡粪肥；雨水带来的污染；大风带来的灰尘沉入地面；本场上批鸡饲养中日常污染的积累；淘汰鸡车辆带来的污染。泥土中病原体名称、存活环境与存活时间见表5.2。

表5　表泥土中病原体、存活环境与存活时间

名称	类别	存活环境与存活时间
葡萄球菌	细菌	泥土中，干燥脓汁内存活15～20天
大肠杆菌	细菌	土壤、水中能存活数周至数月
沙门菌	细菌	夏季土壤中存活20～35天；冬季土壤中存活128～183天
禽流感病毒	病毒	在20℃的粪土中可存活7天
马立克病毒	病毒	垫草内存活44～112天；土壤和鸡粪中能存活16周之久
新城疫病毒	病毒	15℃鸡肉中存活98天；粪土中可存活半年以上
法氏囊病毒	病毒	鸡群发病后经完全清理，56天鸡场粪、土壤中存在病毒仍有感染性
曲霉菌	其他病原微生物	长期存在于土壤、谷物和腐败的植物中
球虫卵囊	其他病原微生物	在土壤深处可保持活力86周之久
支原体	其他病原微生物	在20℃粪土中能存活1～3天，在棉布中存活3天

用生石灰处理舍外土地地面的目的是为了让生石灰与水结合后，形成氢氧化钙，氢氧化钙与空气中的二氧化碳结合生成碳酸钙和水。碳酸钙在土地地面上形成一层薄膜，可以防止地面内病原体散发到空气里污染环境。处理办法是在地面均匀地撒一层生石灰，均匀是重点。

生石灰的使用范围：舍外人员易接触到的土地地面。

使用方法与操作要求：把生石灰用水处理成面粉样，不能过干或过湿（现用现处理）；淘汰鸡后或第一次使用生石灰时，对舍外土地地面上的腐土进行清理、运出（露出新土）；对清理过的露出新土的地面均匀洒水（地面完全洒湿）；把处理过的生石灰均匀地撒到土地地面上，尽量做到同一个厚度为好（均匀不露地面）。再用消毒机洒水：这次只能用消毒机去洒水，把所没有

湿透的生石灰再用水处理一下（没有干石灰存在）。

做法：清理场内土地面上的腐蚀土，把腐蚀土运出场外；对清理过的地面进行洒水，再撒生石灰，方法是两组人配合，先洒水后撒生石灰，然后用 1% ~2% 氢氧化钠按 500 毫升/米² 进行消毒，使水分与生石灰充分结合，使地表面行成一层膜。以后尽量不去破坏这层膜，一次大雨过后可在表面再撒一次生石灰。

经过上述处理后的地面经过几天的干燥后，就会形成一层牢固的石灰膜（碳酸钙），使地面与空气隔离开来。这样的处理可杀死细菌，预防本场疫情的发生。

使用范围：鸡舍内地面和舍内外墙壁使用 20% 生石灰水进行喷刷。

操作要求：20% 生石灰水现用现配，消毒才会有效。对所有表面喷刷均匀，才能消毒彻底，起到隔离病原体的作用。

经过对舍外地面和舍内墙壁和地面处理后，使鸡场如新场一样干净，自然减少了疫病的发生。

用生石灰处理舍内地面：

淘汰鸡后的消毒（第一次大消毒）：把冲洗干净的所有房间用 2% ~3% 氢氧化钠溶液加百毒杀 2 000 倍液，按每平方米 1 升冲洗消毒一次。冲洗干净后，对下批鸡有用的设备、用具和物品，包括仓库内存放的东西进行浸泡消毒。架板和塑料制品用 2% ~3% 氢氧化钠和百毒杀 2 000 倍液进行 30 分钟以上的浸泡消毒。对金属设备和用具用百毒杀 2 000 倍液进行 50 分钟以上的浸泡消毒，存放到仓库内。

第六章　蛋用柴鸡或种用柴鸡
强制换羽程序

　　柴鸡在饲养过程中，往往进入秋冬，柴鸡会自然进入停产和换羽期，这样到了冬季柴鸡就基本停产了。但这个自然停产和换羽期很长，影响较大，若能加速换羽速度，就能减少损失。所以我们就要对鸡进行强制换羽。

　　换羽的目的是保证换羽后柴鸡有良好的生产性能、健康的体况、较高的受精率和较高的产蛋性能，最大限度地降低成本，提高效益。强制换羽后开始喂料的程序见表6.1。

表6.1　强制换羽后开始喂料的操作程序

时间	全价料的料量/克	型号
第1天	20（在上、下午分两次饲喂）	育成期饲料＋部分青绿饲料
第2天	30	育成期饲料＋部分青绿饲料
第3天	35	育成期饲料＋充足青绿饲料
第4天	40	育成期饲料＋充足青绿饲料
第5天	50	产蛋期饲料＋充足青绿饲料
第6天	恒定料量，每天加料5%	产蛋期饲料＋充足青绿饲料
高峰料量	60	产蛋期饲料＋充足青绿饲料

　　换羽母鸡的挑选标准：要求体型适中，体重标准，冠髯红润，羽毛干净，活泼精神，没有呼吸道、消化道疾病的高产母

鸡。种公鸡的使用标准：尽量使用性成熟的年轻公鸡。使用老公鸡标准：体型标准，不超重，冠髯红润，毛色洁净，鸣叫洪亮，活泼精神，没有呼吸道、消化道疾病的优良公鸡。

柴鸡强制换羽管理重点是把鸡群全关闭到晚间休息室内。

母鸡的换羽操作程序：①对所需要进行换羽的鸡舍清除垫料，清扫卫生，全面喷雾消毒。②转入所需换羽的母鸡，数量准确。③投服 3 天的抗生素（饮水或拌料），减少细菌感染，减少死淘率。④在规定时间鸡舍遮黑，升高喂料系统，之后换羽开始。换羽过程中，每天巡视鸡舍，观察鸡群，及时拣出死鸡、淘汰病弱鸡。⑤换羽第 1 天，按 5% ~ 10% 的数量称基础体重，可在不同位置圈 2 ~ 3 个栏圈，每栏 100 只左右母鸡，按要求时间全部称量。⑥在第 1 周末相同时间称重，计算失重率［失重率/% =（基础体重 - 现在体重）/ 基础体重］。⑦以后在固定时间及时称重，并统计失重率。⑧失重率达 24% ~ 26% 时，停止换羽，准备第二天喂料。⑨以后按常规要求，每周末挑 5% 鸡只称重。⑩喂料型号与喂料量见表 6.1。⑪用药与免疫：在换羽过程中，前 3 天限水，以后在饮水中加入消毒剂；换羽过程中，每天坚持带鸡消毒；开始喂料后，定期加拌多维素、抗生素，预防感染，减少死淘数量；在第 4 周：左旋咪唑驱虫（饮水或拌料）；开产前一周，新支二联喷雾，新城疫疫苗（H9 + H5）肌内注射两针。⑫光照：第一天在喂料的同时（或在前一天晚上）撤除遮黑，实行自然光照；在喂料后第 6 天（周末），光照时间加光至 14 小时；一周后加光至 15 小时；达到 5% 产蛋率时，加光至 16.5 小时后恒定。强制换羽后的几个重要生产指标见表 6.2。

表 6.2　强制换羽后的几个重要生产指标

序号	项目	第一产蛋周期标准	第二产蛋周期标准
1	饲养周期/周	76	64
2	产蛋周期/周	58	54
3	产蛋量/枚	296	240
4	健雏数/只	238	195
5	高峰产蛋率/%	95	92.5
6	高峰受精率/%	93～95	90～92
7	期健雏孵化率/%	84.3	79.2
8	全期受精率/%	92	89
9	产蛋期死淘率/%	8	10

　　判定强制换羽成功与否的标准：高峰产蛋率是否能达到第一个产蛋周期高峰产蛋率的95%以上；健雏孵化率是否能达到第一个产蛋周期健雏孵化率的94%以上；产蛋期死淘率控制在10%以下。

第七章　柴鸡种蛋的孵化

柴鸡种蛋的孵化与其他品种鸡蛋孵化一样，都要采取全自动孵化机进行孵化。种蛋孵化前要组织技术工人到别的孵化场进行学习。根据柴种鸡的最大饲养量进行孵化场的建设，采购配套孵化机和出雏鸡配套设备。孵化场要建在高燥的地方，排水要容易。

孵化场分办公区和生产区。生产区主要有孵化车间、出雏车间、冲洗车间和鸡苗存放室。以种鸡21天的产蛋总量去计算需购孵化箱的数量，然后请孵化器厂家帮助绘制孵化场的平面图，进行孵化场的建设。

（一）孵化厅

1. **孵化厅位置**　理想的孵化厅的位置应具备：交通及通信条件良好；水源充足，水质良好；电力供应有保障。

2. **孵化厅建筑物应具有内容**　种蛋熏蒸房、蛋库、种蛋预热间、孵化室、出雏室、鸡苗厅、鸡苗盒库、杂品仓库、办公室、清洗间、人工消毒房、洗手间、餐厅、疫苗操作室、电工房、消毒药储藏室、发电机房。

3. **孵化厅布局设置时，须考虑以下内容**　单向流程作业；易于消毒和清洗；投资少；符合机器设备的技术要求。

（二）种蛋运输

1. **运输时间**　如果孵化厅远离鸡场，种蛋最好在下午5时至 10 时之间，或一天中气温较低的时间里运输。如果孵化厅和种鸡场在同一场地内，而且在种鸡场内没有冷藏蛋库，种蛋运输选择相同的时间，种蛋需要尽快运送到孵化厅内。如果使用空调车辆运输种蛋，在什么时间都可以运输，但是每天至少运输一次。

2. 用卡车运送种蛋时 种蛋盘码放不应超过 10 层，如需要码放超过 10 层时，必须使用种蛋运输箱。为了减少汽车发动机的辐射热的影响，种蛋码放时，应远离货箱前面板至少 30 厘米距离。

3. 运输卡车技术要求 清洁，便于消毒，货箱底板应平滑。货箱两侧及后面应防晒、防雨。

4. 运输种蛋时 车辆行驶速度应为 40~60 千米/小时，或视道路而定。

5. 孵化厅内的种蛋运输车应具备以下条件 能够容纳种鸡场每天生产的种蛋；装有金属护栏，以防破损。

6. 孵化厅内接收种蛋 当车辆到达时，马上卸车。卸车时，每人一次搬运不得超过 10 盘，以免破损。清点种蛋数量，记录运输破损数，并由验收和送货双方在单据上签字。

（三）种蛋熏蒸消毒

用福尔马林进行熏蒸消毒。熏蒸时间最少为 20 分钟。相对湿度应不低于 75%。熏蒸间内温度应不低于 25℃。熏蒸剂量应准确。熏蒸间应密闭，无缝隙。熏蒸间内应装有电风扇，当进行消毒时，每 5 分钟开动风扇，循环空气一次。

熏蒸剂量要求：熏蒸剂的浓度用 "X" 符号表示。

（1）浓度 "X" 表示 2.8 立方米空间内高锰酸钾 20 克或福尔马林 40 毫升。

（2）所使用的福尔马林甲醛浓度应为 37%。

（3）所使用的高锰酸钾纯度为 95%。

（4）孵化前的所有种蛋熏蒸浓度 3X；孵化器和出雏器内的种蛋为 1X；清洗干净的出雏器为 3X；其他所需要的房间为 3X；设备为 3X；卡车为 5X。

（5）当收到来自农场的种蛋时，马上进行熏蒸。孵化器内进行孵化的种蛋，只要避开开始孵化后的 24～96 小时这段期间，此外其他任何时间都可以进行熏蒸。种蛋由孵化器转入出雏器后，用一倍量在出雏器内进行熏蒸。

（四）蛋的冷藏管理

1. 种蛋冷藏间内需要的装备 有空调、干湿球温度计、湿度调节器。温度控制在 16～18 ℃，相对湿度控制在 75%～80%。

2. 保持种蛋冷藏间内的清洁 每当地面出现破损蛋时，立即进行清洗。每当工作完毕后，对地面及其他部位进行清洗。清洗后立即进行消毒，但避免种蛋接触消毒剂。

3. 其他要求 进入蛋库前，需脚踏消毒池，并用消毒剂洗手。蛋库内严禁吸烟。蛋库内严禁存放其他设备和器具。种蛋摆放时，不要接近墙壁。每次离开蛋库时，须随手关灯。

（五）种蛋的孵化管理

1. 种蛋装入蛋车及其预热

（1）种蛋装入蛋车前，须检查翻蛋系统，车轮加润滑油与否。

（2）装入种蛋：先装入时间较长的种蛋，后装入时间较短的种蛋。每辆蛋车应尽量装入同一栋鸡舍、同一鸡群或周龄接近的鸡群所产的种蛋。记录下入孵种蛋的数量。种蛋需要在冷藏间内存放时间超过 7 天时，向上级报告批准。对种蛋预升温区域进行清洗、消毒。预升温时间为 4～6 小时。避免蛋壳出现冷凝水。

2. 把种蛋置于孵化器内 如果种蛋是来自周龄不同的两群种鸡，那么产自周龄较大鸡群的种蛋应比较小周龄鸡群的种蛋先 2～3 小时放入孵化器内。

（1）入孵时间应根据出雏的时间确定。

（2）每一孵化器内放置的蛋车数量应与报告中记录的数量一致。

（3）入孵时，避免种蛋的破损，尽量缩短入孵时间。

（六）准备出雏器及落盘准备

1. 准备出雏器

（1）彻底清洗出雏器并进行消毒。

（2）检查所有机械系统，如喷雾装置、加热器及报警装置等。

（3）把干净的出雏车推入出雏器，开动设备进入工作状态，达到最佳状态时用3倍量福尔马林进行熏蒸。

（4）当出雏器干燥后，停止出雏器工作。

（5）在种蛋落盘前2~3小时，开动出雏器。

2. 准备落盘所需设备

（1）准备洁净的照蛋工作台。

（2）准备好盛放无精蛋的蛋盘。

（3）准备一桶消毒液，用于洗刷被破蛋污染的种蛋。

（4）准备一个容器和记录表格，用于作业记录。

3. 落盘

（1）当种蛋孵化到第19天，开始落盘。

（2）蛋车内种蛋没有装满时，在进行落盘时，应参考孵化设备生产厂家的建议说明。

（3）一个蛋盘上选出的无精蛋数量超过10%时，应从其他蛋盘中捡出一些补充该蛋盘的种蛋数量，并盘后空盘位置应位于左边蛋车的左上角或右上角，并要求两个蛋车保持平衡。

（4）当种蛋转入出雏器后，所有设备须进行清洗和消毒。

（5）落盘工作完成后，应对工作区域进行清洗和消毒。

（6）落盘工作的每一环节都应小心顺利地进行。

（七）孵化器卫生管理

1. 福尔马林在出雏器内的使用

（1）福尔马林溶液是对雏鸡进行卫生消毒的一种化学品。

（2）出雏器内使用的福尔马林应为商品级或浓度为37%。

（3）种蛋转入出雏器后，把盛有福尔马林溶液的容器盘放入出雏器内。

（4）每一出雏器所使用福尔马林的浓度应参考孵化设备生产厂家的建议说明。

2. 捡臭蛋

（1）照蛋完毕后，准备一干净的桶盛放臭蛋，桶里加1/3消毒水，放在孵化器外。

（2）进入孵化器，把蛋车底的信号线、气管摘下，往前拖一段距离。

（3）绕着蛋车周围检查车上有无臭蛋，如果有把它轻轻地拿出来，放在外面的臭蛋桶里，动作要轻，避免臭蛋爆炸。

（4）检查完毕，把蛋车推回原位 。

3. 作业方法

（1）查看孵出的雏鸡质量，当有95%的雏鸡的羽毛干燥时，即可以从出雏器内取出。

（2）把出雏车推入雏鸡分选间。

（3）把出雏车上中间一排出雏盘拉出一半位置，用盖网盖住最上面的一层出雏盘。

（4）由中间一排开始，按照孵化记录，取下出雏盘。

（5）把雏鸡从出雏盘内转放入雏鸡分选箱。

（6）取出所有未出壳的毛蛋。

（7）记录下出雏数量、毛蛋数量，然后把雏鸡送入分选室内。

4. 雏鸡分选

（1）A级雏鸡的质量标准：每只雏鸡重量在30克以上，羽毛良好且干燥，羽毛颜色无遗传变异，脐部愈合良好、健壮。

（2）B级雏鸡的质量标准：每只雏鸡体重在25～30克，羽毛粗糙，但干燥，羽毛有一些斑点。脐部略有缺陷，健康，但腹部略显大。

（3）淘汰雏鸡的标准：每只雏鸡体重低于25克，羽毛粗糙，无羽毛，脐部黑色且脏。有缺陷，如眼瞎、腿拐、有伤残、不健康。

（4）复选淘汰鸡苗。

（5）记录淘汰鸡数、可售出雏鸡数、死胚数量，该记录应按每栋鸡舍或每群分别统计。

（6）雏鸡装盒及包装：每个雏鸡盒应分4个区间，每个区间都有通风孔。雏鸡盒内装有纸垫，以防光滑，每个雏鸡盒都有盖子。雏鸡盒的容量最多装102只雏鸡。经核查雏鸡数量及质量后，封上盒盖。若使用塑料鸡盒时，包装方法一样。

（八）孵化器、出雏器监控

1. 对于孵化器，每小时检查下列项目　温度和湿度、翻蛋系统、通风设备（电动机通风调节器）、总的工作系统。

2. 对于孵化器，应每周检查以下项目　调湿装置的水量及水位、吸水芯线、喷嘴的工作状况，容器盘中的水位，门的密封条和塑料挡板，所有的恒温控制装置，控制显示盘，翻蛋时间控制器。所需要气压为2.94～3.92千帕。

3. 出雏器工作时，应检查下列项目　每小时对温度和湿度进行记录，检查喷水雾设备的水压。湿球温度计水盘的水位，密封条是否漏气。

4. 出雏后，对冲洗过的出雏器应检查下列项目　所有的恒温控制器，喷雾嘴的位置，喷雾嘴工作状况，通风系统、气流调节电动机的工作状况，加热系统，报警系统，控制盘指示灯，密封装置。

（九）孵化器、出雏器的清洗及维修

1. 每年应对孵化器进行一次清洗和检查　取出所有蛋车，必要时取出塑料挡板进行清洗和检查；取下蓄水盘进行检查；取出所有风扇进行检查；清洗壁板、顶板、地板，除掉残留的碳酸钙；调整蛋车轨道，处于良好水平位置；清理所有的恒温控制器；拧紧所有的螺钉，清理控制盘内继电器的接线点；对孵化器的其他部分进行维修；对所有部件进行清理后，再将蛋车及其他设备组装好。

2. 当处于工作状态时，应每周清理孵化器一次　清理地板，用消毒剂擦洗地板。

3. 出雏后，对出雏器进行清理　从出雏器内取出恒温控制器；清理绒毛及脏物；用清水清理内板壁，用清洗剂擦洗板壁，之后用水清洗；清理风扇叶片和电动机；用布和刷子清理恒温控制器；清理鼓风机及对气流调节器进行润滑；对出雏器内部及外部喷洒消毒剂。

4. 清理出雏车　把盘中的蛋壳及脏物清理掉；用高压水冲洗出雏盘和出雏车；把出雏盘放入出雏车中；用消毒剂喷洒出雏盘和出雏车。

5. 停机时，对出雏器进行维修保养　清洗喷雾水嘴；每6个月对排风扇进行清理，对电机加注润滑油；对电器所有损坏部件，如密封条等进行维修。

（十）设备和备件

1. 出雏器所需的设备　发电机、高压清洗装置、消毒喷洒装置；秤（精度0.1克，量程5千克）、量筒、订书机、雏鸡盒及蛋盘运送推车、脚踏消毒盘、排风扇、叉式推车、喷雾系统的过滤装置、工作台、办公用品及用具、设备厂家推荐的其他设备（如翻蛋系统所需的高压机）。

2. 设备及设备管理　需要知道须库存何种备件；库存量应

足够急需时使用；避免备件缺货；按类型放，排放有序，便于提取；库房应加门锁，指定专人负责。

3. **库房及储藏室** 面积足够大；光亮足够强；通风足够量；温度足够低；严禁吸烟；保持清洁；备有来火装置。

（十一）卫生防疫系统

孵化厅的卫生防疫系统如同医院一样，是非常重要的，常分为两个部分：孵化厅建筑物外部的卫生防疫系统和孵化厅建筑物内部卫生防疫系统。

1. **孵化厅室外卫生防疫系统**

（1）所有车辆进入孵化厅时，必须经过消毒池和喷雾消毒。

（2）其他附属建筑物，如宿舍、餐厅等，须保持清洁。

（3）孵化厅周围应保持清洁，严禁有脏物。

（4）未经孵化厅经理的允许，外人不得进入孵化厅。

2. **孵化室内卫生防疫系统**

（1）所有员工须经过淋浴、更衣后，方可进入孵化厅。

（2）种蛋库房间须保持好清洁卫生。

（3）种蛋库应在每天工作结束后，进行清理消毒。

（4）每个房门口，放置消毒脚踏盆，供人员进入时进行消毒。

（5）严禁随地吐痰，乱扔脏物。

（6）经常保持孵化厅内设备清洁。

（7）任何物品在进入孵化厅前，必须进行熏蒸消毒。

（8）保持室内外的下水道清洁。

（9）孵化厅应具备废水处理装置，保证水质清洁，无异味。

（10）所有蛋壳及脏物须每日清除并处理掉。

（11）食品、糖果严禁带入孵化厅。

（12）每月变换所使用的消毒剂。

第八章 柴鸡疫病的预防和控制

一、防病基础知识

对病死鸡的解剖，有利于详细了解鸡群的实际情况。按要求、按步骤去解剖病死鸡；对解剖的病死鸡作详细的记录；总结特征性病理变化，对解剖记录进行系统性分析；对典型病变进行细菌培养和药敏试验；进行预防性和治疗性用药。

预防疾病和减少死亡是鸡场兽医及饲养员的一项重要工作。在大型鸡场或养鸡大户中，对一些常见病、多发病及时作出正确判断，尽快采取有效措施，从速控制疾病，减少死亡造成的损失是极为重要的。

（一）剖检

死后剖检就是在动物死亡之后为搞清疾病或死亡原因而对其体表和各脏器作彻底检查的方法，也是诊断、预防和控制疾病十分重要的第一步。动物脏器和组织对病原体的反应范围是有限的，许多疾病从外表上看都十分相似。因此，除肉眼直接观察外，有些病例还需借助实验室培养、切片观察等，以判明其特定的病因。有些常见病、多发病，一经剖检基本上能定性，然后再了解其饲养管理情况，观察鸡舍、饮水、垫料、通风等小环境，进行综合判断。实验室诊断对于解决疑难病症来说是必不可少的。

在剖检具体操作过程中，工作人员必须有条不紊，死鸡应妥善处理，在鸡场附近剖检时，剖检鸡一定要挖坑深埋或焚烧，用具要彻底清洗消毒。同时要注意工作人员的卫生防护。

病鸡和死鸡都可能提供重要的信息。关键是饲养员应经常注意观察鸡群的动态，及早发现异常，及时请兽医人员确诊，尽快采取有效的预防和治疗措施，把损失减少到最低限度。

有时为了进一步确诊，在剖检完死鸡之后，有可能还要在鸡群中再找几只同样症状的病鸡送到别处进一步鉴定，要确保送检的病鸡具有代表性，适当的样本有助于作出准确诊断。

出现死鸡要通过认真剖检，彻底搞清病因。属于营养方面的，要及时调整饲料配方，特别是矿物质、微量元素要搭配合理；属于温湿度方面的，应加强保温与通风换气；属于病原引起的，抓紧时间选用特效药物进行预防和治疗及消毒；需要隔离的，一定要及时果断隔离。治疗预防用药应以中草药为主，绝对不能使用违禁药品，否则病原不清，损失骤增。

（二）免疫

通过致弱的或灭活的病原微生物（疫苗）的使用，使鸡只被动地产生对本病原微生物的抵抗力的办法，这就是免疫。

1. 免疫途径　点眼、滴口、颈部皮下注射、肌内注射、胸肌注射、翅肌注射、腿肌注射、翅膜刺种、饮水免疫和喷雾免疫。

2. 免疫所带来的不良反应　在疫苗使用过程中即使是正确操作，也会给柴鸡造成一系列的不良反应，如球虫免疫反应、传染性喉气管炎免疫反应等。

不正确的操作危害更大。颈部皮下注射引起颈部弯曲的神经症状；胸部肌内注射打到肝上引起死亡；胸部肌内注射引起胸肌坏死；免疫透发疫病的发生；喷雾免疫引起的呼吸道反应。

3. 免疫接种技术要求

（1）疫苗的选用。①在使用前，必须对疫苗的名称、厂家、有效期、批号做全面核对并记录。②严禁使用过期疫苗。疫苗必须确认无误后方可使用。

（2）疫苗的保管。①灭活佐剂苗置于 2～8℃保存，使用前1～2 小时进行预温，预温至 30 ℃ ，摇匀使用。②弱毒苗在 2～8℃环境中保存，取出后用冰袋保存，尽快使用，稀释后在 1 小时内用完。③疫苗保管有其他温度要求及特殊要求的，以使用说明书为准。

（3）免疫操作方法。

1）滴鼻、点眼、滴口。①稀释：将封条和稀释瓶打开，往疫苗瓶内注入稀释液或生理盐水，按上瓶塞，充分摇晃，将疫苗溶解；稀释好后的疫苗在 1 小时内用完。要求由生产主任稀释，根据操作速度决定稀释的用量，尽量减少浪费。②操作：将滴瓶排出空气，然后倒置，滴入鸡只一侧鼻孔、眼内或口中，注意滴管要垂直并悬空于鸡只鼻孔、眼睛、口的上部，保证有足够的一滴疫苗落在鼻孔、眼内或口中，待鸡只完全吸入后方可放鸡。滴口时轻轻压迫鸡只喉部，使鸡只嘴张开，滴头不能接触眼、嘴，操作中滴瓶应始终口朝下。

2）注射免疫。①连续注射器、针头应严格消毒备用，并调整好剂量，并准备好使用的疫苗。②注射方法：颈部皮下注射，首先将鸡只保定好，提起脑后颈中下部，使皮下出现一个空囊，顺皮下朝颈根方向刺入针头。注意避开神经肌肉和骨骼、头部及躯干的地方，防止误伤。针头自颈后正中方向插入，不能伤及脾脏。胸肌注射，保定者一手抓鸡的两翅、一手抓鸡的大腿，注射人从胸肌最肥厚处即胸大肌上 1/3 处以 30°～45°角斜向进针，防止误入肝脏及腹腔内致鸡死亡。

3）饮水免疫。注意当时舍内温度与外界温度情况，同时要关注当时鸡群健康状况。整个饮水免疫中水中疫苗浓度要一样。断水时间为 2～4 小时。饮水免疫方法为三阶段免疫法（表

8.1)。

表8.1 三阶段饮水免疫

三阶段	饮水时间/小时	用水量/每小时水量倍数
第一阶段	断水时间 + 1.5	3.5～5.5
第二阶段	1.5	1.5
第三阶段	1.5	1.5

饮水中疫苗计算办法：按时间平分疫苗。

4. 注意事项

（1）工作人员要认真负责，操作时轻拿轻放。不漏鸡、不漏免。

（2）免疫过程中不准说话，更不准打闹。

（3）不能浪费。

（4）免疫接种完后，连续观察免疫反应，有不良症状时，及时报告生产主任。

（5）免疫前1天起，连续3天给鸡群饮抗应激药物和电解质多维素。

（6）调整好注射器剂量刻度。

（7）注射部位准确，经常检查核对刻度，注射一定要足量。

（8）免疫过程中，不断地摇晃疫苗瓶。

（9）注射接种时，每注射10只鸡换1个针头。

（10）注意针头有无弯折和倒刺，如有应及时更换。

（11）用完的疫苗瓶全部烧掉。

（12）接种时生产主任必须参加。生产厂长必须亲自安排，必要时参加。

（三）生物制品管理

生物制品应由鸡场指定的兽医技术人员或其他专人保存与管

理。根据鸡群的免疫程序合理购置疫苗和其他生物制品。所有的生物制品要严格按照产品说明书的指定温度保存。保管人员对冰箱的温度及运行状况每日至少检查一次，避免阳光直射，远离热源，需防冻的要防止冷冻。所有生物制品使用前应由生产主任或技术员写出书面申请，陈述理由、剂量及时间，上报场长，批准后方可发放使用。所有的生物制品使用本着先进先出的原则保存管理。所有的生物制品应在有效期内使用，临近失效期时应向生产主任及场长汇报。所有的生物制品应按品名、类型分类放置，以利查找及使用。生物制品保管员每半月制作一份库存清单，报场长及各生产主任。

注意事项：按厂家说明书、遵照免疫规程使用疫苗，并作好详细记录；任何时候都要避免疫苗在阳光下照射；疫苗不能接触所有的消毒制剂、化学制剂和含有重金属的物质；严格按正确的操作规程和在正确的部位去使用疫苗；掌握准确的防疫剂量，避免疫苗浪费；每次防疫前结合实际制定现场操作程序，并必须分清保定人员、看鸡人员与操作人员，按已制定程序严格执行；所有疫苗必须在规定时间内用完，否则弃去不用；疫苗必须在规定温度下保存和使用；正常免疫时每10只更换一个消毒过的针头，紧急接种时每只更换一个消毒过的针头。同部位灭活疫苗注射间隔期在1个月以上。

二、柴鸡预防性用药方案与投药途径

（一）用药方案

控制家禽疾病需要采取多项综合措施，预防性用药不失为一种重要的手段。根据生产实践，现将预防性用药方案总结如下。

1. 第一次用药 雏禽开口用药为第一次用药。雏禽进舍后应尽快让其饮上2%~5%的葡萄糖水和预防性药品，以减少早期死亡。葡萄糖水不需长时间饮用，一般3~5小时饮一次即可。

饮完后适当补充电解多维，投喂中草药用来预防鸡白痢病的发生，尽量不用西药治疗，更不宜用毒性较强的抗生素如痢菌净、磺胺类药等，有条件的还可补充适量的氨基酸。育雏药可自己配制，也可用厂家的成品雏禽开口药。使用这类药物时切忌过量，要充分考虑雏鸡肠道溶液的等渗性。

2. **抗应激用药**　接种疫苗、转群扩群、天气突变等应激易诱发家禽疾病，如不及时采取有效的预防措施，疾病就会向纵深方向发展，多数表现为如下的发病过程：应激→支原体病→大肠杆菌病→混合感染。抗应激药应在疾病的诱因产生之前使用，以提高家禽机体的抗病能力。抗应激药实际就是电解多维加抗生素。质量较好的电解多维抗应激效果也较好，抗生素的选择应根据禽群用药情况及健康状况而定。

3. **抗球虫用药**　不少养殖户只在发现家禽拉血便后才使用抗球虫药。需要提醒的是，隐性球虫病发病时有时不导致禽群显示临床变化，而实际危害已经产生。所以，建议养殖户要重视球虫病的预防用药。方法是从家禽 1 周龄开始，根据具体的饲养条件每周用药 2 ~ 3 天，每周轮换使用不同种类的抗球虫药，以防球虫产生耐药性。建议使用中草药预防球虫病的发生。

4. **营养性用药**　营养物质和药物没有绝对的界限，当家禽缺乏营养时就需要补充营养物质，此时的营养物质就是营养药。家禽新陈代谢很快，不同的生长时期表现出不同的营养缺乏症，如维生素 B、亚硒酸钠、维生素 E、维生素 D、维生素 A 等缺乏症。补充营养物质要遵循及时、适量的原则，过量补充营养物质会造成营养浪费和家禽中毒。

5. **消毒用药**　重视消毒能减少抗菌药的用量，从而减少药物残留，降低生产成本。很多养殖户往往对进雏之前的消毒比较重视，但忽视进雏后的消毒。进雏后的消毒包括进出人员、活动场地、器械工具、饮用水源的消毒以及带鸡消毒等，比进雏前消毒更重要。生产中常用的消毒药有季铵盐、有机氯、碘制剂等。消毒药也应交替使用，如长期使用单一品种的消毒药，病原体也会产生一定的耐受性。

6. 通肾保肝药 在防治疾病过程中频繁用药和大剂量用药势必增加家禽肝肾的解毒、排毒负担，超负荷的工作量最终将导致家禽肝中毒、肾肿大。因此，除了提高饲养水平外，根据家禽的肝肾实际损伤情况，定期或不定期地使用通肾保肝药为较好的补救措施。

（二）投药途径

投药途径有以下几种：饮水投药适用完全溶于水的药剂，优点是方便、快速，缺点是浪费较大。拌料投药适用不完全溶于水或不溶于水的药剂，优点是不易造成浪费，缺点是用药麻烦，须防止药物中毒现象发生。注射投药适用于小群鸡只或病危鸡只。喷雾投药适用于慢性呼吸道病的防治用药。

1. 饮水投药 只适用完全溶于水的药剂，药品使用时一定要确保禽体内 24 小时内的血液浓度，所以用药一定要均衡。饮水投药的最好办法是，在全天自由饮水条件下，为了尽快使药品在血液里达到治疗浓度，最先 4 个小时可以按说明书量的 1.5 倍量使用。之后使用 6 小时、停药 6 小时，按常用量的 2 倍量饮水使用，就是把全天用药量分两次用完。

2. 用料投药 适用于不完全溶于水或不溶于水的药剂，药品使用时一定要确保禽体内 24 小时内的血液浓度，所以用药一定要均衡。用料投药的最好办法是将全天饲料拌入，但如何拌料应引起重视，否则会引起中毒。拌料方法有两种，颗粒料拌法和粉料拌入法。颗粒料拌入法：按饲料量的 1% 准备水量，把药品兑入水中，均匀喷洒在全部饲料上。

3. 配合投药 在一次治疗用药中药物一定要配合使用，应由主药、辅药、调节用药和补营养药品 4 个方面组成。有目的地治疗疾病使用主药，为预防继发感染的疾病用辅药。发病是一种大的应激，加上药物的副作用，引起食欲下降，营养不良。为了提高自身抵抗力，需用促进食欲调节和补充营养方面的药品。配合用药也要按疗程使用，配合用药不一定是叠加作用，不恰当使用只会让病菌对药品产生耐药性。

4. 中草药投药　柴鸡生产过程中，由于中草药不能溶于水，只有拌料使用。但现在社会上使用的柴鸡饲料多以颗粒料为主，如何拌料成为当今柴鸡饲养管理的一个关键问题，拌料不当会影响药物效果。

建议用下列方法拌料：

（1）把全天药品量拌入当天6个小时的喂料中，药量与料量计算准确。

（2）先把药品兑入1/3料中，做法是把这1/3料平铺薄薄一层，用喷雾器将料表面喷湿，随时撒上中药，让药品黏附在颗粒料上，然后再拌入余下的2/3料中即可。

（3）料拌好后立即饲喂。总之就是为了让中草药均匀地黏附在饲料表面，使鸡只均匀采食为好。所加入药料让鸡吃完后再加其他料量，中药在体内代谢很慢，可以一天使用一次。

三、柴鸡疾病防治

柴鸡生产中易发生的几种条件性疾病有两大类。第一大类由病原微生物引起的有条件恶劣引起的大肠杆菌病、慢性呼吸道病，沙门菌引起的鸡白痢病、金黄色葡萄球病等细菌病，冷应激和通风不良引起的流感、新城疫病等疫病。第二大类条件性疾病有腹水病、腿病和柴鸡猝死症等。

禽病治疗过程中要注意的是：发病的鸡群在使用药品后有没有效果主要表现在用药后的食欲，只要药品有效，鸡群首先表现为采食量增加，药品的效果不会立即表现在死淘率上。只要食欲恢复正常，精神状态良好，就说明药品效果较好。

各种疾病的综合防控措施：

（1）认真做好疫苗免疫接种工作。对于病毒病来说，此类病仍无特效药物治疗，只能靠疫苗主动免疫产生抗体。根据实际制定符合本地切实可行的免疫程序，选用适当、可靠疫苗，采取正确方法和足够剂量免疫。

（2）加强饲养管理。做好防疫消毒和清洁卫生工作。饲养栏舍最好远离人畜繁杂地方，进栏前和每批鸡出栏后均应进行严格彻底清洗消毒，每栋栏舍均使用专用器械和用具，工作人员穿戴消毒过的专用衣服和鞋帽，不让外人进入。加强舍内管理工作，调节水线高度，方便病弱鸡饮水。控制舍内温度和通风，给鸡群创造一个良好的生存空间。

（3）采取全进全出的办法，杜绝一栋栏舍同时养儿批不同日龄的鸡。

（4）一经诊断发生病毒病时，应将病死鸡作无害化处理，挑出病鸡隔离。对未出现症状的鸡群可选择如下两种方法治疗：第一种是在饮水和饲料中加入抗病毒中草药，交叉补充多种维生素，特别是维生素C；第二种是紧急接种疫苗，20天龄以内的鸡最好用Ⅱ系或Ⅳ系疫苗进行4倍稀释。

（5）综合治疗办法。抗病毒中药品＋预防细菌病的中草药＋保肝护肾药＋多维素类补养药品。

（一）禽流感

禽流感也称欧洲鸡瘟或真性鸡瘟，是由A型禽流感病毒引起的禽类一种急性高度接触性传染病，以后疫性有扩大的趋势。要认识本病发生和流行特点，做好本病的防范，阻止本病的蔓延。

1. 禽流感流行特点

（1）血清型多。禽流感病毒A型是正黏病毒科，流感病毒属。该病毒表面抗原分为血凝素（HA）和神经氨酸酶（NA），容易变异，是特异性抗原，这也是本病难以防治的根本原因，所以本病应以预防为主。

（2）毒株间毒力存在差异。禽流感在各地分离到的毒株存在不同的血清亚型，而且毒力也有很大差异。我国已分离禽流感病毒株的血清亚型有 H9N3、H5N1、N9N2、H7N1、H4N6。各血清亚型致病性不同。高致病性毒株传播快，可引起高死亡率。

（3）传播途径：本病以空气传播为主，随着病鸡的流动，可通过空气进入呼吸道而感染。传播迅速，一旦感染，全群鸡可引起暴发，甚至波及邻近的鸡场和乡村养鸡户。

（4）症状和病变的差异。根据我国一些省份禽流感流行情况看，各地发病的血清亚型和致病性存在高低差异，临床症状和病变也有差异，绝大多数鸡表现为慢性感染，死淘率增加不明显。在感染初期，病鸡精神不好，少吃食或不吃食，拉恶臭的水样绿色粪便，眼睑水肿，有的鸡冠和肉髯水肿，鸡冠鲜红，死后呈暗红色。剖检变化有：气管黏膜和气管环出血，腺胃黏膜和乳头出血，肌胃黏膜也有出血，也可能表现出更高的致死率，死亡率上升很快，则会出现明显典型的病理表现，以实质脏器出血坏死为主，以脾脏出血坏死和肝脏实质变性和坏死为主要症状。禽流感引起角质层出血。脂肪有明显出血点或片状出血，重病会出现肌肉出血的情况。产蛋柴鸡群病死后解剖变化有：输卵管内有大量的黄白色分泌物和大块的干酪（此为禽流感典型病理变化），同时卵泡出现完全变性，禽流感疫病恢复期会出现一些神经症状。

2. 禽流感鉴别诊断　见表 8.2。

表8.2　禽流感和新城疫的鉴别诊断

项目	新城疫	禽流感
病原	副黏病毒	正黏病毒
发病季节	一年四季，秋冬季多发	冬春交替和秋冬交替时多发
发病鸡群	各种日龄的鸡群都发病，但多发于20～50、70～120、200日龄的鸡群	各种日龄的鸡群都发病，H9N2禽流感多发生于产蛋柴鸡群
临床症状	临床可见各种日龄的鸡群发病。育雏、成育鸡感染后，发病迅速，头一天鸡群正常，第二天就出现大群精神不振，有呼吸道症状，拉黄绿稀粪，采食、饮水下降50%以上，死淘率高达60%以上，甚至全群覆灭。 产蛋柴鸡发病后，外观基本正常，但病鸡逐渐消瘦，有2～3天黄绿粪和呼吸道症状，采食量下降10～20克/只，产蛋下降20%～30%，出现少数神经症状，产蛋恢复极缓慢，并有部分鸡成为假产柴鸡	临床所见多为产蛋柴鸡群，发病鸡精神沉郁，闭目缩颈，出现呼吸道症状，冠发紫，拉黄绿粪，采食量下降30～60克/只，部分鸡群出现死亡。恢复后的鸡群无神经症状，在发病的早期有类似禽霍乱的症状，出现突然死亡。育雏和育成鸡发病后一般只表现呼吸道症状，呼吸道发病程度介于慢呼和传喉之间，没有继发感染，一般不引起死亡。若是H5N1，发病死淘率会很高
病理变化	雏鸡、育成鸡发病，病鸡机体脱水，气管充血，腺胃乳头出血，肌胃内膜易剥离，肠道有岛屿状、枣核状肿胀、出血溃疡灶，肾肿大。产蛋柴鸡主要表现在肠道淋巴滤泡处肿胀、出血，卵泡变形，发病的早期输卵管水肿，后期萎缩	病鸡脱水，气管充血，有血痰；腺胃乳头化脓性出血并有大量脓性分泌物，肌胃内膜易剥离，输卵管水肿，有脓性分泌物。卵泡变形、出血、易爆裂，有时腹腔内有新鲜卵黄，肾脏肿大、淤血。脂肪有出血点
诊断	病毒分离	病毒分离
治疗	氨基维他饮水 新城疫CL/79苗3倍量饮水 电解质多维素饮水	氨基维他饮水 电解质多维素饮水 中草药拌料

3. 防治办法 本病流行迅速，而且血清型比较多，防治时以贯彻预防为主，采取综合性防治措施。

（1）杜绝禽流感高致病性毒株传入：要做好这个环节，兽医部门和上级专门机构要加强家禽流通领域的检疫，一旦发现高致病性禽流感应上报主管部门，立即采取封锁和扑灭措施，杜绝其扩散。

（2）防止疫病扩散：一旦发现发病应首先划定疫区，对疫区的家禽和畜产品采取封锁，加强病死鸡处理和扑灭措施。特别要严禁病鸡的流通。

（3）加强防范。

1）在没有发病的地区应特别注意防范，最好的办法是加强消毒和严格隔离，也就是说用消毒药对可能的环境进行消毒，杀死环境中病原微生物，切断其传播途径，防止病的发生。一旦发病，杀死病鸡排出体外的病原体，也可达到切断传播途径的作用，阻止疫情的扩散。

2）防止继发或混合感染：如果发生继发和混合感染，可引起鸡的死亡率提高，因此在流行过程中一定要防止继发感染，可以应用杀菌和抗病毒的药物。杀菌药可防止细菌性继发感染，抗病毒药可以抑制病毒的复制，起抗病毒的作用。但应用这类药物时必须早期或预防性应用。

3）增强免疫功能：一旦感染上本病时，除采取上述两种措施之外，可以在饲料中添加一些免疫增强剂如维生素 C、维生素 E，补一些硒制剂或中药，提高其机体抵抗力，使病恢复快些。

4）做好病死鸡的处理：前已提到，本病流行和病死鸡处理不当有很大关系，所以发现本病时，应严禁病鸡流入市场，宁可自己损失，也必须及时淘汰处理病死鸡，阻止病的扩散。

（4）疫苗免疫是防治本病的主要途径：本病血清亚型多，

而且各地流行的血清型差异比较大，所以血清型用不对疫苗，免疫起不了多大作用。但经过这几年的研发，结合本病发病机制和流行状态，哈尔滨兽医研究所已研制出多价灭活苗，当年研发出来的疫苗，大约能预防两年的流感。

（5）加强病鸡群的管理，给病鸡提供良好的生长生产环境。

（6）建议禽流感免疫程序：见表8.3。

表8.3 禽流感免疫程序

日龄	疫苗	免疫办法
20	H9 + H5 二联苗	颈皮下注射或翅肌内注射
60	H9 和 H5 单苗	左右翅肌肌内注射
118	H9 和 H5 单苗	左右翅肌肌内注射（肉用柴鸡不免疫）
252	H9 + H5 二联苗	翅肌肌内注射
336	H9 + H5 二联苗	翅肌肌内注射

（二）新城疫病

鸡新城疫也称亚洲鸡瘟、伪鸡瘟或非典型鸡瘟，是由新城疫病毒引起的一种急性、热性、高度接触传染疾病。其主要特征是呼吸困难、严重下痢、黏膜和浆膜出血，病程稍长的伴有神经症状。

1. 病原 新城疫病毒是副黏病毒科腮腺炎病毒属的成员。

鸡新城疫病毒存在于病鸡的所有组织器官、体液、分泌物和排泄物中，以脑、脾、肺含毒量最高，骨髓含毒时间最长。因此分离病毒时多采用脾、肺或脑乳剂为接种材料。

鸡新城疫病毒在鸡胚内很容易生长，无论是接种在卵黄囊内、羊囊内、尿囊内或绒毛尿膜上及胎儿的任何部位都能迅速繁殖。通常多采用孵育10～11天的鸡胚作尿囊腔注射。鸡胚接种病毒后的死亡时间，随病毒毒力的强弱和注射剂量不同而不同，一般在注射强毒后 30 ~ 72 小时即死亡，大多数死于 38 ~ 48 小时；注射弱毒的死亡时间可延长至 5 ~ 6 天，甚至更长。病毒通过鸡胚继代后，其毒力稍有增强，一般多在 38 小时使鸡胚死亡。死亡胎儿全身充血，绝大多数头顶部出血，足趾常有出血，胸、背、翅膀等处也有小出血点或出血斑。卵黄囊常有出血。胚膜湿润且稍厚，并有由细胞浸润而形成的浊斑。鸡新城疫病毒具有一种血凝素，可与红细胞表面的受体连接，使红细胞凝集。鸡、火鸡、鸭、鹅、鸽等禽类以及哺乳动物中豚鼠、小鼠和人的红细胞都能被凝集。这种凝集红细胞的特性被慢性病鸡、病愈鸡或人工免疫鸡血清中的血凝抑制抗体所抑制。因此可用血凝抑制试验鉴定分离病毒，并用于诊断或进行流行病学调查。此外，新城疫病毒能产生溶血素，在高浓度时还能溶解它所凝集的红细胞。本病毒对外界环境、对热和光等物理因素的抵抗力较其他病毒稍强，在 pH 2 ~ 12 的环境下 1 小时不被破坏。在密闭的鸡舍内可存活 8 个月，在粪便中 72 小时死亡。病料中的病毒煮沸 1 分钟即死，经巴氏消毒法或紫外线照射即毁灭。常用消毒药如 2% 氢氧化钠、1% 来苏儿、10% 碘酊、70% 酒精等在 30 分钟内即可将病毒杀死。

2. **流行病学**　病鸡是本病的主要传染源。感染鸡在出现症状前 24 小时，就开始通过口鼻分泌物和粪便排出病毒，污染饲料、饮水、垫草、用具和地面等环境。潜伏期的病鸡所生的蛋，大部分也含有病毒。痊愈鸡在症状消失后 5 ~ 7 天停止排毒，少数病例在恢复后 2 周，甚至到 2 ~ 3 个月后还能从蛋中分离到病毒。在流行停止后的带毒鸡，常有精神不振、咳嗽和轻度神经症状。这些鸡也都是传染源。病鸡和带毒鸡也从呼吸道向空气中排毒。野禽、鹦鹉类的鸟类常为远距离的传染媒介。本病的传染主要是通过病鸡与健康鸡的直接接触。在自然感染的情况下，主要是经呼吸道和消化道感染。创伤及交配也可引起传染。病死鸡的血、肉、内脏、羽毛、消化道的内容物和洗涤水等，如不加以妥善处理，也是主要的传染源。带有病毒的飞沫和灰尘，对本病也有一定的传播作用。非易感的野禽、外寄生虫、人、畜均可机械地传播本病毒。该病一年四季均可发生，但春秋两季较多。鸡舍内通风不良，亦可使鸡群抵抗力下降而利于本病的流行。购入病鸡或带毒鸡，将其合群饲养和宰杀，可使病毒远距离扩散。本病在易感鸡群中常呈毁灭性流行，发病率和病死率可达95%或更高。

3. 发病机制　新城疫病毒一般经呼吸道、消化道或眼结膜侵入机体，最初24小时在入侵处的上皮内复制，随后释入血流。病毒损伤血管壁，改变其渗透性，导致充血、水肿、出血和各器官的变性坏死等病变。消化道首先表现为黏膜的急性卡他，随即发展为出血性纤维素性坏死性炎症，引起严重的消化障碍而下痢。由于循环障碍引起肺充血和呼吸中枢紊乱，呼吸道黏膜的急性卡他和出血，由于气管常为黏液所阻塞而导致咳嗽和呼吸困难。大多数病毒株都是嗜神经的，在病程后期侵入中枢神经系统引起非化脓性脑脊髓炎，因而出现神经机能紊乱；病鸡瘫痪，呈昏睡状态，终至死亡。病毒在血液中的最高滴度约出现在感染后的第4天，以后显著降低。感染后的3~4天鸡血清中出现抗体，3~4周达最高峰，以后开始下降。在体液抗体形成的同时，鼻、气管和肠道渗出物中也开始分泌抗体。潜伏期的长短，随病毒毒力的强弱、进入机体内的病毒量、感染途径以及个体抵抗力的大小而有所不同。自然感染潜伏期2~14天，平均5天。最短的潜伏期见于2日龄的幼雏。人工接种多在4天以内发病。根据临诊表现和病程长短可分为最急性、急性和亚急性、慢性、非典型等四型。

（1）最急性型：此型多见于雏鸡和流行初期。常突然发病，除精神委顿外，常看不到明显的症状而很快死亡。

（2）急性型：病鸡在发病初期体温升高达 43～44℃，食欲减退或突然不吃。精神委顿，垂头缩颈，眼半闭或全闭，似昏睡状态。母鸡停止产蛋或产软皮蛋。排黄绿色或黄白色水样稀便，有时混有少量血液。口腔和鼻腔分泌物增加。病鸡咳嗽，呼吸困难，有时伸头，张口呼吸。部分病鸡还出现翅和腿麻痹，站立不稳。病鸡在后期体温下降至常温以下，不久在昏迷中死亡。死亡率 90%～100%。病程 2～9 天。1 月龄内的雏鸡病程短，症状不明显，死亡率高。

（3）慢性型：多发生于流行后期的成鸡，常由急性转化而来，以神经症状为主。初期症状与急性期相似，不久渐有好转，但出现翅和腿麻痹、跛行或站立不稳、头颈向后或向一侧扭转、伏地旋转等神经症状，且呈反复发作。最后可变为瘫痪或半瘫痪，或者逐渐消瘦，陷于恶病质而死亡。病程一般 10～20 天，死亡率较低。

（4）非典型：病鸡衰弱无力，精神委靡，伴有轻微呼吸道症状，也常见无明显症状，而发生连续死亡。产蛋柴鸡常突然发病，产蛋下降，有的下降 20%～30%，有的下降 50% 左右，一般经 7～10 日降到谷底，回升极为缓慢。蛋壳质量差，表现为软皮蛋、白壳蛋等。死亡率一般较低。

4. **解剖症状**　以呼吸道和消化道症状为主，表现为呼吸困难、咳嗽和气喘，有时可见头颈伸直，张口呼吸，食欲减少或消失，出现水样稀粪，用药物治疗效果不明显；病鸡逐渐脱水消瘦，呈慢性散发性死亡。剖检病变不典型，其中最具诊断意义的是十二指肠黏膜、卵黄柄前后的淋巴结、盲肠扁桃体、回直肠黏膜等部位的出血灶及脑出血点。典型新城疫的病理变化为腺胃乳头出血，最先发生时还会伴发腺胃乳头有脓性黏液流出、角质层下有出血点、直肠条状出血等特征病理变化，现已不常出现。新城疫的发生多以非典型症状为主，疾病恢复期会出现典型症状。

（1）最急性型：尸体变化比较轻，仅在胸骨内面及心外膜有出血点，或可能完全没有变化。

（2）急性型：全身黏膜和浆膜出血，淋巴系统肿胀。出血和坏死尤以消化道和呼吸道明显。口腔及咽喉附有黏液。咽部黏膜充血，并偶有大小不等的出血点，间或被覆有浅黄色污秽假膜。食道黏膜间有小出血点。嗉囊壁水肿，嗉囊内充满酸臭的液体和气体。腺胃黏膜和乳头肿胀，乳头顶端或乳头间出血明显，或有溃疡坏死。在腺胃与食道或腺胃与肌胃的交界处常有条状或不规则的出血斑。肌胃角质层下常有轻微的出血点及出血斑，有时也形成粟粒大小、圆形或不规则的溃疡。从十二指肠到盲肠和直肠可能发生从充血到出血的各种变化。肠黏膜上有纤维素性坏死性病灶，呈岛屿状凸出于黏膜表面，上有坏死性假膜覆盖，假膜脱落即露出粗糙、红色的溃疡。溃疡大小不等，大的可达15毫米或更长，溃疡可深达黏膜下层组织，以致从肠壁浆膜面即可清晰地看到有隆起的大小不等的黑红色斑块。盲肠和直肠黏膜的皱褶常呈条状出血。盲肠扁桃体肿大、出血和坏死。

鼻腔和喉头充满污浊的黏液，黏膜充血，并有小出血点，偶有纤维素性坏死点。气管内积有大量黏液，黏膜充血和出血。肺有时可见淤血或水肿，偶有小而坚硬的灰红色坏死灶。心外膜、心冠状沟和胸骨都可见到小出血点和淤斑。产蛋母鸡的卵黄膜和输卵管显著充血。脑膜充血或出血。卵泡变质、变性和变形。

（3）慢性型：变化不明显，仅见肠卡他或盲肠根部黏膜轻度溃疡，或以神经系统的原发性病变为主。

（4）非典型：大多病例肉眼所见变化不明显，可见喉头、气管黏膜充血、出血，小肠卡他性炎症，又可见泄殖腔黏膜充血、出血等。

5. 鉴别诊断　非典型鸡新城疫在临诊上的症状与引起呼吸道疾病的其他传染病症状相似，在诊断过程中一定要认真详细观察，多剖检一些病鸡。目前可引起呼吸道症状的其他传染病主要有慢性呼吸道病、传染性喉气管炎、传染性支气管炎、传染性鼻炎、曲霉菌病等。另外，非典型鸡新城疫常与大肠杆菌病及支原体病并发，需要综合诊断。

6. 发病原因 非典型鸡新城疫主要发生在已免疫接种的鸡群中，因免疫失败或免疫减弱而导致发病流行。究其原因主要有如下几方面：

（1）病毒严重污染：鸡场被强病毒污染后，即使鸡群有一定抗新城疫免疫水平，但难于抵抗强病毒的侵袭而感染发病。

（2）忽视局部免疫：新城疫免疫保护包括体液免疫和呼吸道局部免疫两部分，两者都要有足够的抗体水平，才能有效地防止新城疫发生，其中呼吸道局部免疫更为重要。但实践中，往往由于忽视呼吸道弱毒疫苗的免疫（滴眼、滴鼻、气雾法免疫）而偏重饮水免疫或灭活疫苗注射免疫，导致呼吸道系统抗体水平低下而发病。

（3）疫苗选择不当：对疫苗内在质量，如抗体的产生、维持、效价不了解。

（4）疫苗质量问题：疫苗过期或临近过期，疫苗在运输过程和保管过程中没有按规定温度保存，疫苗效价下降等原因导致免疫失败。

（5）疫苗之间干扰：不同疫苗之间可产生相互干扰作用，同时以同样方法接种几种疫苗，会影响它们的免疫效果。

（6）疫苗剂量不足：目前使用新城疫疫苗，不管弱毒、中毒疫苗都应掌握在每只 2～3 羽份，特别是饮水免疫的剂量更应足一些，才能有效激发抗体的产生。

（7）免苗疫抑制病的干扰：鸡感染传染性囊病或传染性贫血，由于免疫系统受到破坏，产生免疫抑制。又如黄曲霉毒素中毒、球虫病、慢性呼吸道病等一些慢性病，都可使鸡群免疫力下降，而导致免疫失败。

（8）使用中等毒力偏强的传染性囊病疫苗：目前应引起高度重视的是，不少养殖户认为毒力越强的传染性囊病疫苗预防该病的效果越好，使用强毒菌后虽然该病不再发生，但损伤和破坏了免疫中枢器官法氏囊而使整个体液免疫受阻，随之导致非典型鸡新城疫的发生。

7. 预防和控制　在预防和控制本病时，必须坚持预防为主的方针和标本兼治的原则。

（1）疫苗免疫接种：早期研究证明，鸡接种灭活的感染材料可以产生保护，但在生产和标准化中遇到难题，使其未能大规模应用。弱毒疫苗大规模喷雾或气雾也很普遍，因为这样可以在短时间内免疫大量鸡，控制雾滴大小很重要。为了避免严重的疫苗反应，气雾常常限用于二次免疫。大颗粒喷雾不易穿透鸡的深部呼吸道，因此反应较少，适合于雏鸡的大规模免疫。尽管有母源抗体，但1日龄雏鸡喷雾仍可以使鸡群建立疫苗毒感染。

弱毒疫苗接种的优缺点，弱毒疫苗一般是由感染胚尿囊液冻干而成的，相对便宜，易于大规模使用。弱毒感染可能刺激产生局部免疫，免疫后很快产生保护。疫苗毒还可从免疫鸡传播给未免疫鸡。但也有几个缺点，最重要的是疫苗可能引发疾病，这取决于环境条件及是否有并发感染。因此，初次免疫接种应选用毒力极弱的疫苗，一般需要多次接种。母源抗体可能影响弱毒疫苗的初次免疫。疫苗毒在鸡群中散布可能是一优点，但传播到易感鸡群，特别是不同日龄混养的地方可能会引起严重的疾病，尤其是有促发性病原并发感染时。在疫苗生产过程中如果控制不当，弱毒疫苗很容易被药剂和热杀灭，并且可能含有污染的病毒。

（2）灭活苗的应用：灭活苗经肌内或皮下注射接种。灭活苗的优缺点：灭活苗的贮存比活苗容易得多，但生产成本较高，使用比较费劳力。使用多联苗可以节省部分劳力。灭活苗与弱毒疫苗不同，1日龄鸡免疫不受母源抗体影响。灭活苗的质量控制较难，而且接种人员被意外注射矿物油后可能引起严重反应。灭活苗的主要优点是免疫鸡副反应小，可用于不适合接种弱毒疫苗，特别是有并发病原感染的鸡群。另外，可产生很高水平的保护性抗体并可持续较长时间。

（3）免疫程序：疫苗和免疫程序可能受政府政策的控制。应根据流行情况、疫苗种类、母源免疫、其他疫苗的使用、其他病原的存在、鸡群大小、鸡群饲养期、劳力、气候条件、免疫接种史及成本等条件因地制宜地制定免疫程序。柴鸡因为有母源抗体，免疫接种时间更难确定。由于柴鸡生长时间短，在新城疫威胁较小的国家有时不进行免疫预防。为了保持产柴鸡终生的免疫力，往往需要多次免疫，建议用弱毒疫苗和灭活疫苗同时接种免疫或先用弱毒疫苗局部免疫，间隔14~21日后再用灭活疫苗加强免疫，实际免疫程序依当地情况而定。

（4）免疫反应监测：对于新城疫病毒一般采用HI试验评定免疫反应。易感禽缓发型弱毒疫苗一次免疫后，免疫效价可达24~26。油乳剂灭活疫苗免疫后HI效价可达211或更高。①认真做好疫苗免疫接种工作。目前此病仍无特效药物治疗，只能靠疫苗主动免疫产生抗体。在免疫时要特别注意上述几个引发原因，根据实际制定符合本地切实可行的免疫程序，选用适当、可靠疫苗，采取正确方法和足够剂量免疫。②加强饲养管理，做好防疫消毒和清洁卫生工作。饲养栏舍最好远离人畜繁杂的地方，进栏前和每批鸡出栏后均应进行严格彻底清洗消毒，每栋栏舍均使用专用器械和用具，工作人员穿戴消毒过的专用衣服和鞋帽，不让外人进入。③采取全进全出的办法，杜绝一栋栏舍同时养几批不同日龄的鸡。④一经诊断发生本病时，首先应将病死鸡作无害化处理，挑出病鸡隔离，对未出现症状的鸡群可选择如下两种方法治疗：第一种是在饮水和饲料中加入抗病毒中草药，交叉补充多种维生素，特别是维生素 C。第二种是紧急接种疫苗，20 日龄以内的鸡最好用 Ⅱ 系或 Ⅳ 系疫苗作 4 倍稀释。预防新城疫的免疫程序见表 8.4。

表 8.4　预防新城疫的免疫程序
（以本地情况注明选择疫苗名称）

柴鸡 ND 免疫程序					
鸡龄	病名	免疫程序	接种剂量	接种方式	厂家
7~8 天		28/86 + H120 + clone30	1X	滴鼻、点眼	威兰
		ND + IB + H9 – K	0.5 毫升	颈部皮下注射	普莱克
21 天		新威灵	1.2X	滴眼	梅里亚
35 天		ND – K	1X	颈部皮下注射	海博莱
49 天		Lasota + Ma + Con	1.5X	喷雾	梅里亚
12 周		Lasota	1.5X	滴眼	英特威
		ND – K	1X	胸肌注射（L）	瑞普
17~18 周	产蛋率 5% 前	Lasota	2.5 毫升	滴鼻、滴眼	英特威
		ND – K	0.7 毫升	胸肌注射（L）	瑞普
26 周		Lasota	2~2.5X	饮水/喷雾	英特威

注：26 周以后每隔 5~6 周定期使用 lasota 或新威灵。各场可根据本场季节实际情况调整

（三）传染性法氏囊病

鸡传染性法氏囊病是由双链 RNA 病毒引起的一种急性接触性传染病，本病主要侵害雏鸡、幼龄鸡甚至青年鸡群，感染鸡群以明显呈"∧"形尖峰死亡，腿、胸肌出血及法氏囊出血，肿大为特征，是危害养鸡业最为严重的传染病之一。

1. 流行特点　本病一年四季均可发生，但根据这两年本病在当地流行的情况看，本病的流行季节多在天气较热的 6~9 月。

本病对鸡群的危害与雏鸡的母源抗体水平有很大关系。据报

道，无母源抗体的雏鸡一周内就有可能被感染，母源抗体 AGP 值小于 1∶8 时就有感染的可能。在生产实践中，我们曾观察到一群 12 日龄暴发的法氏囊病的鸡群。通常有母源抗体的雏鸡，法氏囊病的发生时间多在 21 日龄后，3～6 周龄是本病的高发日龄。

鸡是传染性法氏囊病的重要宿主，病鸡是本病的主要传染源，本病可通过直接接触或通过被污染的饲料、水源、器具、垫料、车辆、人员等间接传播。据报道，传染性法氏囊病毒在鸡舍的阴暗处可存活半年以上，对消毒剂有一定的抵抗力，最好的消毒剂为过氧乙酸。

2. 临床症状　本病的潜伏期为 2～3 天，易感鸡群最初表现为精神高度沉郁、腹泻、排出黄白色黏稠或水样稀便、污染肛门部羽毛、集堆，部分鸡有行走无力、走路缓慢、步态不稳等症状，随后出现采料量下降或拒食、闭目呆立、嗜睡等症状，感染 72 小时后体温升高 1～1.6℃，仅 10 小时左右，随后体温下降 1～7℃，后期触摸病鸡有冷感、极度脱水、趾爪干燥、眼窝凹陷，最后极度衰竭而死；已接种过疫苗或处在母源抗体保护期的鸡群，发病鸡群表现为亚临床症状，少数病鸡腹泻、瘫痪、逐渐消瘦而死。雏鸡早期感染死亡有时可高达 30%～50%。

3. 剖检特点　急性法氏囊病死鸡，表现为肌肉深层出血，多为条纹状，尤其以腿部和胸部肌肉最为明显，法氏囊明显肿大，为正常大小的 3～5 倍，浆膜面覆有淡黄色或灰白色多少不一的胶样物，黏膜面出血、充血，呈点状或斑块状，严重时整个法氏囊呈紫黑色，部分法氏囊内有灰白色或黄白色脓样分泌物。肾脏多为轻度肿胀，有的病例有少量尿酸盐的沉积。腺胃或肌胃交界处及交界处的腺胃乳头上程度不同地出血，呈条状或斑状。20 日龄前的雏鸡或非典型法氏囊病死鸡，很少能观察到肌肉出血，最为明显的表现为法氏囊肿大变硬，外观浅黄色，外多有一层胶冻样物包围，黏膜面皱折明显，有少量出血点，个别有灰白色坏死点，少数法氏囊内有黄豆样大小的干酪块或豆渣样物。

4. 防治措施 日常管理要做好以下几点工作：严格对鸡舍及环境进行消毒，特别是以往有发病史的鸡场务必做好进鸡前的鸡舍清理消毒工作，否则可能批批逃不出本病感染的可能性。建议清理消毒程序如下：出栏 → 全场舍内/舍外用过氧乙酸消毒一次 → 出粪清理 → 对鸡舍用2%氢氧化钠液喷洒→冲洗 → 用过氧乙酸消毒舍内外 → 20%生石灰水均匀喷洒地面与墙壁→ 进物料→ 熏蒸消毒 →通风。

做好日常的隔离消毒工作，严防病毒通过人员、车辆、饲料、工具等带入鸡舍。

5. 免疫工作 法氏囊苗的免疫必须采取滴口或饮水的方式。14日龄一次免疫即可。注意免疫后疫苗反应带来的危害，因为疫苗免疫后，应激反应较大的时间是免疫后3~5天，应把疫苗应激反应降到最低，在疫苗反应期注意舍内温度与通风的关系，给鸡群创造良好环境。

对外调鸡苗或外调种蛋所孵化出来的鸡苗，在传染性支气管炎抗体未经检测的情况下，建议在7日龄作一次弱毒苗，在15日龄再作一次中等毒力免疫。

6. 发病后的治疗 对发病的鸡群，可紧急采取以下措施：对鸡舍及环境进行严格消毒；改善鸡舍环境，温度适当提高1~2℃，饮水中添加5%葡萄糖、1%食盐、多维等；用抗传染性法氏囊病卵黄进行紧急肌内注射，对高免卵黄的质量有严格的要求，卵黄必须肌内注射。颈皮下注射及饮水，效果不确切。据实验，一些中药冲剂在临床上也有效，但不确切。对发生传染性法氏囊病不使用卵黄耐过的鸡群，由于整群暴露于野毒下，所有鸡只均有感染的机会，均有高抗的出现，可不必再做疫苗。而注射过卵黄的鸡群，由于是被动免疫，卵黄抗体一般维持1周左右就会降下来，所以待鸡群稳定后重做传染性法氏囊苗一次，距最后一次注射高抗的时间最长不能超出 10 天。

（四）减蛋综合征

减蛋综合征又称产蛋下降综合征，是由腺病毒引起，以产蛋高峰期产蛋量下降，产畸形蛋、软壳蛋和无壳蛋为特征。在临诊上多表现明显的症状。本病于 1976 年发现并在世界各国流行，使产蛋量下降 20% ~ 40%，严重影响柴鸡业的发展，我国也存在此病。其临床特征为鸡群产蛋突然下降，大量出现软壳蛋和畸形蛋，蛋壳颜色变浅。

1. 病因和病原　引起本病的病原为一种腺病毒，对鸡、火鸡及鸭的红细胞有凝集性，这与其他腺病毒只能凝集哺乳动物红细胞不同。病毒存在于鸭体内及病鸡的输卵管、咽喉部及病鸡粪便和蛋内。它不能使鸭、鹅发病，病毒对外界抵抗力较强。

（1）病原特性：鸡减蛋综合征病毒（EDS - 76）是腺病毒属的病毒。病毒粒子大小为 76 ~ 80 纳米，呈二十面体对称，是无囊膜的双链 DNA 病毒，衣壳的结构、壳粒的数目等均具有典型腺病毒的特征。对乙醚不敏感，pH 值耐受范围广，在 pH 值为 3 时耐受。EDS - 76 病毒能在鸭胚和鹅胚中增殖，也能在鸭肾细胞、鸭胚成纤维细胞、鸭胚肝细胞、鸡胚肝细胞、鸡肾细胞和鹅胚成纤维细胞培养物上良好生长。

（2）病料的采取和处理：采取病鸡的输卵管、泄殖腔、鼻黏膜、变性卵泡、无壳软蛋等作为被检材料。把组织磨碎制成乳剂，冻融 3 次，离心分离，取上清液，加入青霉素、链霉素各 1 000 单位（微克）/毫升，置于 4℃ 作用 2 小时。对其他病料作无菌处理后，供病毒分离和攻毒用。

（3）病原的分离培养

1）鸡胚接种：取处理过的病料接种 9 ~ 12 日龄鸭胚的尿囊腔，38℃ 继续孵育，弃去 24 小时内死胚，收获 48 ~ 96 小时存活的鸭胚尿囊液，将收获的鸭胚尿囊液继续接种 10～12 日龄鸭胚尿囊腔进行传代培养。每代鸭胚尿囊液都用鸡红细胞做血凝试验检测尿囊液中的血凝素，即使对阴性尿囊液也应至少传 2～3 代。王川庆（1994）应用平板红细胞血凝（HA）试验对 EDS－76 病毒进行了快速定性检验，此法可用于种毒的筛选。

2）细胞培养：将病料接种于已长成单层的鸭胚成纤维细胞，37℃继续培养数日，观察致细胞病变效应（CPE）和核内包涵体，然后收获，反复冻融，做血凝试验，如无 CPE，则应至少盲传 2～3 代。

（4）病毒的鉴定。

1）人工感染试验：用分离毒株接种无 EDS－76 抗体的产柴鸡，可观察到与自然病例相同的症状及产蛋异常变化。

2）用已知 EDS－76 阳性血清与收获的 HA 试验阳性尿囊液做血凝抑制（HI）试验。

此外，免疫荧光和病毒中和试验也可用于病毒的鉴定。

2. 流行病学

（1）易感动物和发病日龄：各日龄的鸡均可感染，产褐色壳蛋的肉用鸡的种母鸡最易感，产白色壳蛋的母鸡患病率低。在产蛋高峰期和接近产蛋高峰期出现发病高潮，其自然宿主是鸭或野鸭。

（2）传播途径：鸡体内的病毒可经种蛋传染给下代雏鸡，这是本病传播的重要方式，病毒在体内长期潜伏，一直到产蛋高峰期才发病。另一种传播方式是通过污染的饲料、饮水，经消化道感染健康鸡群，但传播缓慢。同时，有些弱毒疫苗是由非特异性病原的鸡胚制作的，其中含有 EDS－76，注射或饮水且易于传播本病。鸡鸭混养，注射针头也可以传播此病。

各种日龄的鸡对 EDS－76 病毒都易感。鸭、鹅是自然宿主。有报道，珍珠鸡可被自然感染，并可产生软壳蛋，未见乌骨鸡、火鸡、雉鸡在自然条件下被感染。从某些野禽（白鹭、鲱鱼鸥、猫头鹰、鹳等）的血清血检出了 EDS-76 病毒抗体。

病毒经受精卵垂直传播是 EDS-76 病毒的主要传播方式。鸡与鸡之间接触以及被病毒污染的饮水、饲料和器具，带毒的鸭、鹳和某些野禽，也起到传播的作用。

EDS-76 病毒水平传播的速度较慢，且有时呈间断性。有资料介绍，经 11 周的时间，在笼养鸡舍才引起全群感染，在垫草上鸡与鸡之间的传播通常较快。

母鸡经口腔途径感染后，病毒先在鼻黏膜进行复制，形成病毒血症。被感染后 3~4 天，病毒在全身淋巴组织尤其是脾和胸腺中复制。在感染后 7~20 天，病毒侵入生殖系统，在输卵管狭部蛋壳分泌腺大量复制。在性成熟前不致使鸡发病，至性成熟前后，可能是由于激素和应激原因，使病毒活化，在柴鸡进入产蛋高峰期前后（一般在 26~45 周龄）出现蛋壳异常、蛋体畸形，产蛋量突然下降（一般达 20%~50%），持续期一般达 6~10 周。有的被感染鸡群出现产蛋期推迟，产蛋率上升缓慢，不能达到产蛋高峰期应出现的产蛋率等流行特点。

鸡被 EDS-76 病毒人工感染后的第 5~6 天，用血凝抑制试验或间接免疫荧光试验可测出抗体的存在，4~5 周时抗体效价达到高峰。感染鸡在出现高 HI 抗体效价时仍能排毒，而有些排毒鸡则不出现抗体。有些鸡群含有经卵而受感染的鸡，在生长期间并不显示出抗体，而只是随着出现临床症状才显示出抗体。因此，在存在本病的地区的一个鸡群，即便在 20 周龄时，所有的鸡经血清学检验为阴性，也不能保证没有受到感染。抗体可通过卵黄传递，这种经被动免疫而获得的抗体的半衰期为 3 天。雏鸡所获得的母源抗体近于不能测出的时候，才能诱发主动抗体的形成。

3. 病理学 通常变化不明显，在产无壳蛋和异常蛋的鸡可见输卵管子宫黏膜肥厚，且有白色渗出物和干酪样物，有时可见输卵管萎缩，黏膜有炎症，这些变化无诊断意义。

（1）临床病理学：本病大体病变不明显，有时可见卵巢静止不发育和输卵管萎缩，少数病例可见子宫水肿，腔内有白色渗出物或干酪样物，卵泡有变性和出血现象。人工感染时可见脾充血、肿大，偶见子宫内有薄膜包裹的卵黄和少量水样蛋清。

（2）病理组织学：主要表现为输卵管和子宫黏膜明显水肿，腺体萎缩，并有淋巴细胞、浆细胞和异嗜性白细胞浸润，在血管周围形成管套现象，上皮细胞变性坏死，在上皮细胞中可见嗜伊红的核内包涵体，子宫腔内渗出物中混有大量变性坏死的上皮细胞和异嗜性白细胞。少数病例可见卵巢间质中有淋巴细胞浸润，淋巴滤泡数量增多，体积增大，脾脏红、白髓不同程度增生。

4. 症状　初产鸡群产蛋率上升到50%以后即开始出现症状，大多数发生在26～32周龄（此时正值产蛋高峰期），病鸡食欲、精神、粪便均正常，但输卵管中蛋壳分泌腺受病毒破坏，卵泡发育排卵受影响，出现产蛋减少和蛋壳变劣，蛋的破损率高。开始发病时出现壳色变白，产蛋量减少，逐渐下降20%～40%，同时出现大量薄壳、软壳、无壳和畸形蛋。蛋壳表面粗糙呈砂纸样，正常蛋仅占70%左右，有些鸡还将所产的蛋吃掉。病程一般持续4～6周，随后逐渐恢复，经10周恢复正常，有此病的鸡蛋不宜做种蛋孵化。

EDS-76最初症状是有色蛋壳的色泽消失。紧接着产生薄壳、软壳或无壳蛋。薄壳蛋的壳质经常是粗糙的。病鸡群所产的外观正常的蛋受精率和孵化率不呈现显著异常。但也有报道，柴鸡群发生EDS-76时，种蛋的孵化率降低，同时出现弱雏。发病鸡群的产蛋量突然下降。产蛋量下降通常发生于产蛋高峰期前后，产蛋量下降可达20%～50%，持续期为4～10周，产蛋量的恢复十分缓慢。有的早期感染EDS-76的鸡群出现产蛋期推迟，产蛋率上升缓慢，且达不到产蛋高峰应有的产蛋率。退色的薄壳蛋、脆壳蛋往往出现在产蛋减少前24～48小时，这一特征症状有助于将本病区别于其他病因引起的产蛋减少症。

5. 诊断 凡有产无壳蛋、软皮蛋、破蛋及褐壳蛋退色等异常蛋的产蛋下降，即可怀疑本病，确诊需经实验室诊断。由于该病症有些方面与维生素缺乏、微量元素缺乏及传染性支气管炎、新城疫症状相似，必须作鉴别诊断。

传染性支气管炎引起产蛋下降的同时有呼吸道症状，产畸形小蛋，而减蛋综合征产薄壳蛋、软壳蛋和无壳蛋，易于区别；而非典型新城疫则在产蛋减少的同时有消化道症状，如下痢、全群采食减少，有个别死亡现象，剖检死鸡，消化道出血，产出的蛋苍白，而无软壳和无壳蛋；而维生素矿物质缺乏时，产蛋减少和蛋壳变劣为逐渐发生，改善饲料5～7天后即可恢复正常，减蛋综合征则持续4～6周。有产蛋下降的疾病还有传染性脑脊髓炎、鸡败血支原体病及包涵体性肝炎等。但患病鸡所产的蛋基本正常。

6. 血清学诊断要点

（1）血凝（HA）试验和血凝抑制（HI）试验。

1）HA试验：一般采用微量法，在微量凝集反应板上，从第2孔至11孔，用微量移液器每孔加入生理盐水0.05毫升，第1、2孔分别加10倍稀释的病毒0.05毫升，从第2孔起，依次作倍数稀释，至第10孔，最后弃0.05毫升。每孔加入1%鸡红细胞悬液0.05毫升，设不加病毒的红细胞对照孔，立即在微量振荡器上摇匀，置室温（18～25℃）30分钟左右观察结果，以使红细胞发生100%凝集的最高稀释度作为血凝价。

2）HI试验：常采用微量法，血清直接在抗原中作倍数稀释。操作时先取4单位抗原，依次加入2～11孔，最后孔（12孔）加生理盐水或PBS。第1孔加8单位的抗原，然后吸取待检血清0.05毫升加入最后孔中（血清对照），混合后吸0.05毫升于第1孔，依次作倍比稀释至11孔，弃去0.05毫升，置室温（18~25℃）下作用10分钟，再每孔加入1%鸡红细胞悬液0.05毫升，振荡混合静置30分钟，判定结果。以完全抑制凝集的血清最大稀释度为该血清的HI滴度，每次测定应设已知滴度的标准阳性血清对照和4单位病毒对照。待检血清的抑制价在8倍以上为阳性。

（2）琼脂扩散试验：抗原的制备可将种毒经尿囊腔接种于13~14日龄鸭胚，接种后96小时收集鸭胚尿液，经3 000转/分离心30分钟，取上清，加入甲醛使终浓度为0.2%。置37℃温箱中作用48小时后，经40 000转/分离心2小时，弃上清，沉淀物按原液量的1/20加入灭菌生理盐水，用注射器充分吹打溶解，再经3 000转/分离心20分钟，取上清。将沉淀物再加少量灭菌生理盐水充分吹打离心。将每次离心的上清液混合在一起，用灭菌生理盐水补充到尿液的1/10量，作为琼扩抗原。琼脂板的制备，是在100毫升pH值5.6~6.4的PBS中加入氯化钠8克、琼脂糖1克、10%的硫柳汞0.1毫升，充分煮沸后，每个平皿注入18毫升，待琼脂自然凝固后，置普通冰箱中保存备用。试验时打孔径4毫米、孔间距3毫米的7孔梅花孔，中心孔加抗原，周围孔加待检血清、阴性血清和阳性血清，置3713温箱中，保持一定湿度，经24~48小时观察结果。抗原与待检血清间出现特异性沉淀线者，判为阳性。

（3）其他血清学诊断方法：病毒中和试验也是比较敏感、特异的方法。EDS-76病毒能致CPE（细胞病变效应），并产生核内包涵体，这种作用可被特异性抗血清所中和，因此，本法也用于检验EDS-76病毒抗原或血清抗体。免疫荧光试验与HI试验一样敏感，操作方法同Ⅰ型腺病毒的荧光诊断法。至今国内外学者已建立了常规ELISA竞争性EILSA和斑点ELISA用于EDS-

76 的诊断。

7. 防治措施　本病无特异性治疗方法，只能对症治疗，可适当添加微量元素和维生素，促进其产蛋恢复。预防接种是防治本病的根本措施，可用减蛋综合征油乳剂苗在 120 日龄与传染性支气管炎苗、新城疫苗同时注射免疫。如为柴鸡，为确保其免疫效果，可在 70 日龄先免疫 1 次减蛋综合征油乳剂苗，再在 120 日龄免疫 1 次。在进行其他弱毒苗免疫时，应选用无其他特殊病原（SPF）尤其是不含减蛋综合征病毒的疫苗，饲养管理上应注意鸡、鸭、鹅不能混养，搞好平时的卫生消毒工作。

（1）卫生管理措施：对该病尚无特效药物进行治疗，所以必须加强卫生管理措施。

1）由于 EDS-76 是垂直传播，因此，应注意不能使用来自感染鸡群的种蛋。

2）病毒能在粪便中存活，具有抵抗力，因此要有合理有效的卫生管理措施。严格控制外人及野鸟进入鸡舍，以防疾病传播。

3）对肉用鸡采取全进全出的饲养方式，对空鸡舍全面清洁及消毒后，空置一段时间方可进鸡。对柴鸡采取鸡群净化措施，即将 40 周龄以上的鸡所产蛋孵化成雏后，分成若干小组，隔开饲养。每隔 6 周用 HI 验测定抗体，一般测定 10%～25% 的鸡，淘汰阳性鸡。直到 40 周龄时，100% 阴性小鸡继续养殖。

（2）免疫预防：已研制出 EDS-76 油乳剂灭活苗、鸡减蛋综合征蜂胶苗等，于鸡群开产前 2～4 周注射 0.5 毫升，由于本病毒的免疫原性较好，对预防减蛋综合征的发生具有良好的效果，可保护一个产蛋周期。

（五）传染性支气管炎

柴鸡传染性支气管炎是鸡的一种急性、高度接触性的呼吸道疾病。以咳嗽、喷嚏、雏鸡流鼻液、产蛋鸡产蛋量减少、呼吸道黏膜呈浆液性或卡他性炎症为特征。肾型传染性支气管炎是其中一个主要血清型。在柴鸡饲养中，该病每年时有发生，由于该病发病急、死亡快，常给养殖户造成较大的经济损失。

各种年龄的鸡都可发病，但雏鸡最为严重，死亡率也高，一般以 20 日龄以内的鸡多发。本病主要经呼吸道传染，病毒从呼吸道排毒，通过空气的飞沫传给易感鸡，也可通过被污染的饲料、饮水及饲养用具经消化道感染。本病一年四季均能发生，但以冬春季节多发。鸡群拥挤、过热、过冷、通风不良、温度过低、缺乏维生素和矿物质，以及饲料供应不足或配合不当，均可促使本病的发生。

1. **发病类型** 该病潜伏期 1 ~ 7 天，平均 3 天。由于病毒的血清型不同，鸡感染后出现不同的症状。

（1）呼吸型：病鸡无明显的前驱症状，常突然发病，出现呼吸道症状，并迅速波及全群。幼雏表现为伸颈、张口呼吸、咳嗽，有"咕噜"音，尤以夜间最清楚。随着病情的发展，全身症状加剧，病鸡精神委靡、食欲废绝、羽毛松乱、翅下垂、昏睡、怕冷，常拥挤在一起。两周龄以内的病雏鸡，还常见鼻窦肿胀、流黏性鼻液、流泪等症状，病鸡常甩头。产蛋鸡感染后产蛋量下降25% ~50%，同时产软壳蛋、畸形蛋或沙壳蛋。

（2）肾型：感染肾型支气管炎病毒后其典型症状分 3 个阶段。第 1 阶段是病鸡表现轻微呼吸道症状，气管发出啰音，打喷嚏及咳嗽，并持续 1 ~ 4 天。这些呼吸道症状一般很轻微，有时只有在晚上安静的时候才听得比较清楚，因此常被忽视。第 2 阶段是病鸡表面康复，呼吸道症状消失，但采食量不再按正常量增长，安静时可见闭眼鸡只。第 3 阶段是受感染鸡群突然发病，并于 2 ~ 3 天内逐渐加剧。病鸡挤堆、厌食，排白色稀便，粪便中几乎全是尿酸盐，死亡率可达 5% ~25% 不等。

（3）腺胃型：近几年来有关腺胃型传染性支气管炎的报道

逐渐增多，其主要表现为病鸡流泪、眼肿、极度消瘦、拉稀和死亡并伴有呼吸道症状，发病率可达100%，死亡率3%～5%不等。

（4）鸡肾病变型传染性支气管炎（简称鸡肾传支）：该病是鸡传染性支气管炎肾型毒株引起的雏鸡病毒性传染病。临床上多见于3～7周龄雏鸡，最早见于4日龄。本病发病急，死亡率高，又因患病雏鸡发病时排白色稀便，部分病鸡表现甩头、呼吸啰音等症状，临床上易被误认为鸡白痢、慢性呼吸道病、鸡传染性法氏囊病等，而大量投服诺氧沙星、庆大霉素、卡那霉素或抗法氏囊病药物等。不仅延误了控制本病的时机，而且加大了肾脏负担，肾功能进一步受到损害，使病情更加严重，结果既增加了成本费用，又造成了更大的经济损失。因此，临床上在本病发生的初期，若能及时确诊，早期防治，对减少死亡、降低经济损失是非常重要的。

交叉血清学研究显示，对其主要免疫原基因 S_1 的序列进行分析后发现，它与欧洲17个传支毒株的氨基酸序列之间差异高达21%～25%，属于一种新的血清型，命名为4/91或793/B。鸡只感染4/91毒株后出现精神沉郁、闭眼嗜睡，腹泻，鸡冠发绀，眼睑和下颌肿胀。有时还可见咳嗽、打喷嚏，气管啰音，呼吸困难等呼吸道症状。产蛋柴鸡在出现症状后，很快引起产蛋下降，降幅达35%，同时蛋的品质降低，蛋壳颜色变浅，薄壳蛋、无壳蛋、小蛋增多。3～4周后产蛋量可逐渐回升，但不能恢复到发病前的水平。本病可致柴鸡、特别是6周龄以上的育成鸡后期后死。

2. 病理变化

（1）呼吸型：主要病变见于气管、支气管、鼻腔、肺等呼吸器官。表现为气管环出血，管腔中有黄色或黑黄色栓塞物。幼雏鼻腔、鼻窦黏膜充血，鼻腔中有黏稠分泌物，肺脏水肿或出血。患鸡输卵管发育受阻，变细、变短或成囊状。产蛋鸡的卵泡变形，甚至破裂。

（2）肾型：肾型传染性支气管炎，可引起肾脏肿大，呈苍白色，肾小管充满尿酸盐结晶，扩张，外形呈白线网状，俗称"花斑肾"。有时还可见法氏囊黏膜充血、出血，囊腔内积有黄色胶冻状物；肠黏膜呈卡他性炎变化，全身皮肤和肌肉发绀，肌肉失水。

（3）腺胃型：腺胃肿大如球状，腺胃壁增厚，黏膜出血、溃疡，胰腺肿大，出血。

3. 预防措施

（1）加强饲养管理：降低饲养密度，避免鸡群拥挤，注意温度、湿度变化，避免过冷、过热。加强通风，防止有害气体刺激呼吸道。合理配比饲料，防止维生素，尤其是维生素 A 的缺乏，以增强机体的抵抗力。

（2）适时接种疫苗：首免可在 7～10 日龄用传染性支气管炎 H120 弱毒疫苗点眼或滴鼻；二免可于 30 日龄用传染性支气管炎 H52 弱毒疫苗点眼或滴鼻；对肾型传染性支气管炎，可于 4～5 日龄和 20～30 日龄用肾型传染性支气管炎弱毒苗进行免疫接种，或用灭活油乳疫苗于 7～9 日龄颈部皮下注射。

肾型传染性支气管炎危害巨大，下面作主要介绍。

4. 临床表现　开始未见任何症状，之后部分鸡只突然精神不振，羽毛蓬乱，畏寒聚堆。食欲减少而饮欲增加，开始排白色水样稀便，逐渐蔓延至全群，个别病鸡出现甩头，发出"咔"声或出现呼吸啰音。这种情况在白天往往易被忽视，在夜深人静时则表现明显。

5. 病程发展分析　解剖鸡情况：病死鸡呈干瘪状，俗称"干瘪鸡"。鸡群中出现上述症状后，立即剖检 2～3 只病雏，可见肾肿大，肿大部位呈花斑状红白相间，其中含有大量尿酸盐沉积物，并呈现不太清晰的斑驳状。肾小管及输尿管扩张，充满白色的尿酸盐。肠系膜血管及肠黏膜充血，直肠与泄殖腔内充满白色石灰样稀便。有呼吸道症状的病雏同时可见肺充血和灶状炎症变化，气管内常见有黄白或黄褐色黏稠分泌物，气管黏膜充血。本病多呈良性经过，只要不继发大肠杆菌病，死淘率不会太高的，其危害也不会太大。但是肝肾功能受损的后遗症会带来较大的危害。采食情况没有明显变化，还是正常。

6. 鉴别诊断　根据病初临床表现，可做出初步诊断。但临床上应注意与鸡慢性呼吸道病、鸡白痢、鸡传染性法氏囊炎等相鉴别。

（1）与鸡慢性呼吸道病的鉴别：患慢性呼吸道病的病鸡表现浆液性鼻漏或浆液（黏液）性瞬漏、喷嚏、甩头，而甩头的频率更高些，一般不出现白色水样稀便。

（2）与鸡白痢的鉴别：雏鸡肾传支与雏鸡白痢临床表现极为相似，但病理剖检鸡白痢可见肝、脾、肾同时肿大，有时还可见肝脏呈现点状出血及黄白色坏死点。肝、脾等组织涂片检菌呈阳性，可见革兰阴性两极浓染的小球杆菌。而肾传支除肾大外，肝、脾却不肿大，肝、脾组织涂片检菌为阴性。

（3）与鸡传染性法氏囊炎的鉴别：鸡传染性法氏囊炎的病雏，精神沉郁时表现"沁头"状，因而可见头颈部的羽毛明显的竖立。而肾传支的病雏，精神沉郁时表现为"缩颈"状。剖检鸡传染性法氏囊炎病雏可见胸肌、两侧股肌呈片状出血，肝肿大，脂肪变性。法氏囊外观呈胶冻样水肿，囊内滤泡肿胀、出血等变化。而肾传支不具上述病理变化。

7. 危害分析　肾型传支病的发生越早，其危害程度就会越大，原因是肾型传支危害的器官对于柴鸡来说主要是肾脏和肝脏。这两个器官是实质性器官，其主要功能是帮助代谢和对饲料营养的消化和吸收。所以其功能恢复对病后柴鸡生长发育起着决定性作用。它们是主要的代谢器官，所以其危害的大小，主要是表现在肝肾功能恢复的好坏。如何使肝肾功能的恢复是本病病后管理的关键。若肝肾功能恢复得不好，会严重影响到柴鸡对饲料营养的代谢和吸收，进而使饲料转化率下降，这样疾病的损失就会更大。

8. 防治措施　要遵循"三分治，七分养"的原则。

首先做好舍内基础管理工作，做好温差的控制。温差会严重加重本病的严重性，因为温差是本病的诱因，舍内湿度的控制只是为了控制垫料湿度。要求有良好的通风确保供氧充足。给病鸡创造一个良好的生产生长环境。另外，也要注意喂料和饮水的管理，病鸡因拉稀易脱水，应确保饮水供应充足。补充电解质和多维素。

其次是用药防治。用药防治时首选是保肝护肾，恢复其肝肾功能为主。在这方面要首先用含西药的通肾保肝药品治疗，然后再用中药慢慢恢复其功能。用药物治疗本病引起的呼吸道症状，最后还要做好大肠杆菌病的预防工作。同时要补充电解质和多种维生素。在用药方面尽量减少使用对肾脏损害较重的药品。

9. 用药办法

（1）按全天用水量使用西药（肝肾宝）来保肝护肾：每吨水加肝肾宝2瓶，集中使用6个小时。连续使用3天。然后再按全天用水量用中药（肾肝健）100克加200千克水，保肾药品再使用3天，可以与泰乐菌素同时使用。

（2）使用泰乐菌素500毫克/升，按全天饮水量分两次使用，每次使用6个小时，配合使用双黄连口服液。

（3）使用多西环素200毫克/升，按全天饮水量分两次使用，每次使用6小时，两种抗生素交替使用。

（4）在饮水中加入电解质和多种维生素，以补充因拉稀而造成电解质和维生素的不足，以缓解病鸡的应激。

（六）鸡痘

1. 发病类型　干燥型（皮肤型）发生于鸡冠、脸和肉垂等部位，有小泡疹及痂皮。潮湿型感染口腔和喉头黏膜，引起口疮或黄色假膜。皮肤型鸡痘较普遍，潮湿型鸡痘的死亡率较高（可达 50%，但通常不会这样高）。两类型可能同时发生，也可能单独出现。任何日龄的鸡都可受到鸡痘的侵袭，但通常于夏秋两季侵袭成鸡及育成鸡。本病可持续 2 ~ 4 周，通常死亡率并不高，但患病后产蛋率会降低达数周。鸡痘是由鸡痘病毒引起的一种接触性传染病，以体表无毛、少毛处皮肤出现痘疹或上呼吸道、口腔和食管黏膜的纤维素性坏死形成假膜为特征的一种接触性传染病。

2. 流行特点　侵害 30 天以上鸡群，主要以皮肤型、眼型、黏膜型和混合型出现。开始以个体皮肤型出现，发病缓慢，不被养殖户重视，接着出现眼流泪，出现泡沫，个别鸡只呼吸困难，喉头出现黄色假膜，造成鸡只死亡。

3. 传播途径　健康鸡因与病鸡接触而传染。蚊子与野鸟皆可成为本病的传播者。虽然鸡痘由病毒引起，但传播却相当缓慢。

4. 病理变化

（1）干燥型：病变部分很大，呈白色隆起，后期则迅速生长变为黄色，最后才转为棕黑色。2 ~ 4 周后，痘泡干化成痂癣。本病症状于冠、脸和肉垂出现最多。但也可出现于腿部、脚部以及身体其他部位。

（2）黏膜型：特征为口腔、喉头、气管、眼睑等黏膜表面长黄白色的小结节，这层黄白色假膜由坏死的黏膜组织和炎性渗出物凝固而成，很像白喉，故称作白喉性鸡痘。皮肤型鸡痘特征，鸡身体无毛的地方或在稀少的地方，特别在鸡冠上、肉垂、眼睑、嘴角、翼下、腹部、腿等处长有白色小节结，很快增大，初期是白水泡，中期发黄，后期发黑。

5. **解剖病变**　黏膜型鸡痘，在口腔、鼻、咽、喉、眼或气管黏膜上有隆起的白色结节，成黄色奶酪样坏死。皮肤型的特征为长在表皮下层的毛囊和上皮增生形成节结，初期湿润，之后变干燥，外观成圆形，不规则皮肤变成粗糙灰色暗棕色结节，干燥的切开出血，到后期湿融而脱落。

在潮湿型鸡痘中可发现位于口腔、喉头及气管开口处之黏膜有溃疮现象。这些黏膜上的溃疮很难除去，所以黏膜上常遗留出血裂口。溃疮往往成长而形成干酪状假膜。肺部偶尔充血而气囊呈混浊状。

6. **预防措施**　鸡只以沙氏鸡痘疫苗实施翼膜穿刺法接种。若鸡只处于危险地区，接种应尽量提早（甚至 1～2 日龄）。若补充鸡群于 2 日龄接种温和鸡痘疫苗（小痘），则 6～12 周龄须再次以沙氏鸡痘疫苗（大痘）补强接种。免疫接种痘苗，适用于 7 日龄以上各种年龄的鸡。用时以高浓度盐水或冷开水稀释 10～50 倍，用钢笔尖（或大针尖）蘸取疫苗刺种在鸡翅膀内侧无血管处皮下。接种 7 天左右，刺中部位呈现红肿、起泡，以后逐渐干燥结痂而脱落，可免疫 5 个月。

每年在发病季节到来前，及时用鸡痘疫苗刺种。消灭和减少蚊蝇等吸血昆虫危害，经常消除鸡舍周围的杂草，填平臭水沟和污水池，并经常喷洒杀蚊蝇剂；对鸡舍门窗、通风排气孔安装纱窗门帘，防止蚊蝇进入鸡舍，减少吸血昆虫的传播。改善鸡群饲养环境，尽量降低鸡的饲养密度，经常对鸡舍通风换气，勤打扫、勤消毒，鸡出笼后应将舍内的垫料、粪便等杂物全面清除并消毒，饲养用具用沸水消毒；遇高温高湿季节，应加强通风和防湿防潮；加强鸡群饲养，保持日粮营养全面，以增强鸡群的抗病力。

7. **治疗**　目前没有特效药物治疗，一般采用对症疗法。也可以马上紧急接种健康鸡群鸡痘疫苗 4 倍量刺种。每天带鸡消毒。皮肤型鸡痘可以用碘甘油或龙胆紫涂抹。黏膜型可以小心除去假膜后喷入消炎药物。眼型的用过氧化氢消毒后滴入氯霉素眼药水。药物治疗用七味抗毒饮＋病毒灵＋大肠金＋维多利，混合饮水，连用 5 天。

（七）传染性喉气管炎

传染性喉气管炎（ILT）是鸡的一种急性疾病，以呼吸困难、咳嗽和咳出血凝黏液为特征。鸡的传染性喉气管炎是由疱疹病毒引起的一种急性呼吸道传染病，其特征是呼吸高度困难，咳出带血液的痰状渗出物。发病率高，死亡率高，成为对鸡危害大的传染病之一。

1. 发病类型 一般分为急性型和温和型。急性感染的特征性症状为流涕和湿性啰音，随后出现咳嗽和喘气。严重的病例以明显的呼吸困难和咳出血样黏液为特征。温和型的症状为体质瘦弱，产蛋下降，产退色蛋和软壳蛋较多，呼吸困难，伸头张嘴呼吸，有时发出"咯咯"的叫声。病鸡咽喉有黏液或干酪样堵塞物，流泪、结膜发炎、眶下窦肿胀，持续性流涕以及出血性结膜炎，一般拉白色或绿色稀粪。

2. 流行特点 传染性喉气管炎多为单发或继发。其发病时间较短，2～5 天可使 50% 以上的鸡感染。本病主要侵害于鸡，成年鸡发病率较高。主要传播途径是经呼吸道和经眼结膜感染。被污染的饲料、饮水及用具均为本病传播媒介。本病传播快、发病急、呈流行性或地方流行性，发病率可高达 90%～100%，平均死亡率达 18%～20%。

鸡发病初期呼吸困难，头颈伸直，张口喘气，有黏液从鼻腔、口腔中甩出，严重者黏液带有血丝。除呼吸道症状外，病鸡精神委顿、减食，体温升高到 43℃ 以上，产蛋柴鸡群产蛋量减少 10%～60%。

3. 剖检特点　本病特征性病变为喉头和气管黏膜肿胀和高度潮红，并有出血点和出血斑。典型症状是气管和喉部出血、充血、有带血的黏液附着。濒死鸡可发现上颚呈青紫色，喉头周围有泡沫样液体，喉头出血，有的被纤维素性渗出物堵塞。轻微的结膜型，主要症状为结膜发炎红肿、流泪，眼分泌物呈浆液性化脓，最后导致眼盲。产蛋柴鸡患病则畸形蛋增多，出现卵巢炎和输卵管水肿，以气管与喉部组织的病变最常见。病鸡的喉黏膜出血，喉头和气管出血、坏死，黏膜肥厚，气管内有血栓和黄色或白色干酪样渗出物。

4. 诊断　本病典型病例可根据呼吸困难、咳出带血的黏液、喉头和气管内出血和糜烂，再结合流行特点可以作出诊断。非典型病例可进行病毒分离、包涵体检查及血清学（琼脂扩散试验、斑点免疫吸附试验等）检查来确诊本病。本病应注意与传染性支气管炎和传染性鼻炎相鉴别。

5. 防治原则

（1）添加维生素，以提高鸡群的抗病力，维生素 A 和维生素 C 的用量要多。

（2）应用抗生素（舒安林）防止继发感染，配合环丙沙星或恩诺沙星。

（3）选择止咳化痰的中草药缓解呼吸道症状，用金刚呼毒克，连用 5 天。

（4）对于各种呼吸道困难的鸡可用氨茶碱 25 毫克/（只·天），或者用中药六神丸 2～3 粒/（只·天），每天 1 次，连用 3 天。

（5）预防接种：第一次接种在 1～2 月龄时，用弱毒疫苗点眼或滴鼻。在 3.5～4 月龄时再用同样的疫苗和方法进行第二次接种。

6. 综合分析

（1）传染性喉气管炎病主要易继发支原体病、大肠杆菌病、鼻炎等，须及时治疗。

（2）传染性喉气管炎疫苗有弱毒苗和强毒苗。市场上一般所用的为弱毒苗，建议用于滴眼，为减少疫苗反应，可以每1 000羽份疫苗加入胸腺肽和160万链霉素各1支。强毒苗使用得较少，免疫途径为擦肛。

（3）弱毒苗在免疫后，可能会造成病毒的终生潜伏，偶尔活化和散毒。要求在做传喉疫苗的时候，治疗由所有原因引起的呼吸道病。免疫后的当天或以后的3～5天，加入维生素，或连续饮用泰多喜3天，防止支原体和大肠杆菌侵染发病。

（4）传染性喉气管炎疫苗不能与新城疫疫苗同用，因为新城疫疫苗会干扰传染性喉气管炎抗体的产生，两种疫苗使用至少要相隔7天。

（5）治疗多以中药为主，同时配合维生素，患病时呼吸道分泌功能受阻，严重破坏呼吸道的上皮黏膜，要注意维生素的补充。

（6）对于疫苗的免疫多以两次为宜，35～45日龄首免，70～90日龄二免。对于未发生过此病的地区和养殖场，可以不做喉气管炎疫苗的免疫。

（7）加强饲养管理，鸡群密度要适中，加强通风。寄生虫可以加重本病的发病程度，因此最好给鸡群定期驱虫。做好免疫接种工作，保持清洁卫生。一旦确定本病，立即进行点眼免疫。有呼吸困难症状的鸡，可用氢化可的松和青霉素、链霉素混合喷喉或在饲料中加碘胺类药物。同时用电解多维饮水，以减轻应激。

（八）大肠杆菌病

鸡大肠杆菌病是由致病性大肠杆菌所引起的一种细菌性传染

病，幼龄鸡对本病最易感，常发生于 3~6 周龄，后备鸡和产蛋柴鸡也可发生。病鸡和带菌者是主要传染源，通过粪便排出的病菌，散布于外界环境中，污染水源、饲料等。主要经消化道而感染，也可经呼吸道感染，或病菌侵入入孵种蛋裂隙使胚胎发生感染。病鸡产的蛋还可以带菌而垂直传播。本病一年四季均可发生，雏鸡发病率可达 30%~60%，病死率很高，给养鸡生产带来较大的经济损失。

不同血清型的大肠杆菌寄生于动物（包括人）的肠道并可能感染多种哺乳动物和禽类，临床发病的病例多见于鸡、火鸡和鸭。

大肠杆菌是禽类肠道的常见菌。幼禽如果没有建立正常菌群，肠道后半段的数量要更高一些。该菌在饮用水中的存在，常被作为粪便污染的指标。正常鸡体内有 10%~15% 的大肠杆菌是潜在的致病性血清型，肠道内分离的菌株与同一禽体心包囊内的血清型不一定相同。致病性大肠杆菌常通过蛋传播，造成雏鸡大量死亡，它在新孵出雏鸡消化道中的出现率要比孵出这些雏鸡的鸡蛋高，这说明大肠杆菌在孵化后传播迅速。种蛋感染的最重要来源是其表面被粪便污染，然后细菌穿过蛋壳和壳膜侵入。垫料和粪中可发现大肠杆菌，禽舍中的灰尘大肠杆菌含量可达 $10^5~10^6$ 个/克，这些菌可长期存活，尤其在干燥条件下。用水将灰尘打湿后，7 天内可使细菌量减少 84%~97%。饲料也常被致病性大肠杆菌污染，但常在饲料加热制颗粒过程中被杀死。啮齿动物的粪便中也常含有致病性大肠杆菌。

1. **鸡胚和雏鸡的早期死亡**　正常母鸡所产蛋内有 0.5%~6% 含有大肠杆菌。人工感染母鸡所产蛋中大肠杆菌含菌量可高达 26%。从死胚分离到的 245 个菌株中，有 43 个菌株有致病力。若污染此种病菌时，正常卵黄囊内容物从黄绿色黏稠状变为干酪样或黄棕色的水样物。粪便污染的鸡蛋是最重要的感染来源。另外一些来源可能是由于卵巢感染或输卵管炎。雏鸡刚孵出时感染率增高，孵出后 6 天左右感染率下降。

鸡胚卵黄囊是最易感染的部位。许多鸡胚在孵出前就已死亡，尤其是在孵化后期，一些雏鸡在孵出时或孵出后不久即死亡，一直持续 3 周左右。1 日龄雏鸡卵黄囊接种 10 个 LA：K1：H7 血清型菌体，可使雏鸡死亡率达 100%。卵黄囊感染的雏鸡多数发生脐炎。存活 4 天以上的雏鸡或雏火鸡经常发生心包炎和卵黄感染，表明细菌从卵黄囊向全身扩散。此种情况下的鸡胚或雏鸡可能不死亡，仅是受感染的卵黄滞留及增重减慢。

感染的卵黄囊壁有轻度的显微病变，呈现水肿，囊壁外层结缔组织区内有异嗜细胞和巨噬细胞构成的炎性细胞层，然后是一层巨细胞，接着是由坏死性异嗜细胞和大量细菌构成的区域，最内层是受到感染的卵黄，有些卵黄内含有一些浆细胞。将蛋暴露于大肠杆菌肉汤培养物可人工复制出鸭的脐炎和卵黄囊感。育雏温度过低或禁食都要增加本病的发生率和死亡率。

并发传染性支气管炎病毒（IBV）感染、新城疫病毒（NDV）（包括疫苗株）感染和支原体感染的鸡常出现大肠杆菌呼吸道感染。很明显，受损伤的呼吸道对于大肠杆菌极其敏感，由此导致的疾病称气囊病或慢性呼吸道疾病（CRD）。除气囊炎可以扩散至相邻组织外，也常见肺炎、胸膜肺炎、心包炎及肝周炎病变。偶尔也可见败血症后的病鸡发生眼球炎和输卵管炎及骨骼、滑膜感染。气囊病主要发生于 4 ~ 9 周的柴鸡，由此造成鸡的发病、死亡及加工时被淘汰而造成很大的经济损失。

大肠杆菌经气囊感染，很容易复制出无并发症大肠杆菌感染的病变。死亡主要发生在头天。如果耐过最初的感染，通常可迅速康复，但仍有一部分病鸡持续性厌食、消瘦，最终死亡。

感染 IBV 或 NDV 的病鸡也对大肠杆菌的易感性增加，且易感期出现的时间更早，持续时间更长。

易感气囊发生感染的最重要的来源之一是吸入污染有大肠杆菌的灰尘。鸡舍的尘土和氨气可使鸡的上呼吸道纤毛失去运动性，从而使吸入的大肠杆菌易于增殖并导致气囊感染。

2. 病理学 受到感染的气囊增厚，呼吸面常有干酪样渗出物，气囊内形成黄白色干酪物。最早出现的组织学病变是水肿和异嗜细胞浸润。

（1）心包炎：大肠杆菌的许多血清型在发生败血症时常引起心包炎。心包炎常伴发心肌炎，一般在显微病变出现前有明显的心电图异常，心包囊混浊，心外膜水肿，并覆有淡色渗出物，心包囊内常充满淡黄色纤维蛋白渗出液。

（2）输卵管炎：当左侧腹气囊感染大肠杆菌后，母鸡可发生慢性输卵管炎，其特征是在扩张的薄壁输卵管内出现大干酪样团块。干酪样团块内含许多坏死的异嗜细胞和细菌，可持续存在几个月，并可随时间的延长而增大。鸡常在感染后6个月死亡，存活的鸡极少产蛋。产蛋柴鸡、鸭、鹅也可能由于大肠杆菌从泄殖腔侵入而患输卵管炎。

（3）腹膜炎：大肠杆菌腹腔感染主要发生在产蛋柴鸡，其特征是急性死亡、有纤维素和大量卵黄。大肠杆菌经输卵管上行至卵黄内，并迅速生长，卵黄落入腹腔内时，造成腹膜炎。

（4）急性败血症：有时从患类似于禽伤寒和禽霍乱的急性传染病的患病成年鸡、育成鸡和火鸡可以分离到大肠杆菌。病禽体况良好，嗉囊内充满食物，表明这是一种急性感染，病禽最有特征的病变是肝脏呈绿色，脾明显肿大及胸肌充血。有些病例中，肝脏内有许多小的白色病灶。存活禽显微镜下病变最初可见有急性坏死区，随后出现肉芽性肝炎。继发感染或慢性病会引起肝周炎，肝脏被黄白色干酪物包着。因大肠杆菌败血症常和呼吸道疾病有关，所以有发生心包炎和腹膜炎的趋势。火鸡感染出血性肠炎病毒后最易发生急性败血症。

（5）全眼球炎：全眼球炎是大肠杆菌败血症不太常见的后遗症。一般是病鸡的一只眼睛积脓、失明，有些病鸡也能康复。

（6）大肠杆菌性肉芽肿（Hjarre病）：鸡和火鸡的大肠杆菌性肉芽肿以肝、盲肠、十二指肠和肠膜肉芽肿为特征，但脾脏无病变。此病虽然不太常见，但个别群体死亡率可高达75%。大肠杆菌有时可引起类似白血病的浆膜病变，肝脏可见有融合的凝固性坏死，可遍及半个肝脏。

（7）肿头综合征：肿头综合征是鸡头部皮下组织及眼眶发生急性或亚急性蜂窝织炎。首次报道肉仔鸡发生该病是在南非发现的有关大肠杆菌和一种尚未鉴定的冠状病毒的联合感染。

（8）禽蜂窝织炎：禽蜂窝织炎是一个炎性感染过程或IP，是感染柴鸡腹部的一种慢性皮肤疾病。其特征是皮下组织有块状异嗜性干酪样渗出物。病变常见于大腿与腹中线之间的皮肤。

（9）肠炎：大肠杆菌引起的原发性禽肠炎很少，或者根本不引起。但最近从腹泻鸡中分离到了肠毒源性大肠杆菌（ETEC）。

（10）鸭大肠杆菌性败血症：鸭大肠杆菌性败血症的特征病变是湿润的颗粒状和大小不同的凝乳状渗出物，可引起小鸭心包炎、肝周炎和气囊炎。剖检死鸭时常有一股异味。肝脏常肿胀，色暗，被胆汁染色，脾大，色深。

3. 鉴别诊断 其他许多微生物可引起类似于上述大肠杆菌引起的病变。滑膜炎、关节炎也可由病毒、支原体、葡萄球菌、沙门菌、念珠状链杆菌及其他微生物引起。可从雏鸡和胚卵黄囊内单独或同时分离到多种微生物，如气杆菌、克雷伯氏杆菌、变形杆菌、沙门菌、芽孢杆菌、葡萄球菌、肠球菌以及梭菌。心包炎也可由衣原体引起，巴氏杆菌或链球菌有时也可引起腹膜炎。气囊炎也可由支原体、衣原体和其他细菌引起。急性败血症疾病也可由巴氏杆菌、沙门菌、链球菌和其他微生物引起，引起肝脏肉芽肿的病因很多，如真菌属和拟什菌属的厌氧菌。

4. 治疗　大肠杆菌对多种药物敏感，如氨苄西林、氯霉素、金霉素、新霉素、呋喃类药、庆大霉素、碘胺间二甲氧嘧啶、萘啶酸、土霉素、多黏菌素 B、大观霉素、链霉素及磺胺类药物。美国养禽业近年来普遍采用氟喹诺酮类（恩诺沙星、沙洛沙星）来治疗大肠杆菌病，证明氟喹诺酮类对大肠杆菌病的治疗效果很好。

5. 预防和控制　用灭活苗免疫柴鸡，雏鸡在出壳后 2 周或更长时间对同源菌有被动保护能力。

饲养无支原体家禽和减少禽类过多暴露于引起呼吸道疾病的病毒环境，可减少呼吸道感染大肠杆菌的机会。良好的畜舍通风状况可减少呼吸道损伤，减少病原菌入侵的机会。

以下因素也不应忽视：①颗粒饲料中大肠杆菌含量比粉料中的含量少。②啮齿类动物的粪便是致病性大肠杆菌的一个来源。③受到污染的饮水也可能含有大量的病原菌，但目前仍没有已知的能减少肠道内大肠杆菌的方法。采取饮用含有氯化物的水及密闭性的饮水系统（滴头）等措施可降低禽类大肠杆菌病的发生，减少大肠杆菌性气囊炎所带来的损害。接种有抵抗力的自然菌丛，可竞争性排除肠道内大肠杆菌的致病菌株、鸡败血支原体和传染性支气管炎病毒感染诱发已受保护的鸡排出大肠杆菌。

粪便污染种蛋是禽群间致病性大肠杆菌相互传播的最重要途径。可以采取对种蛋产后 2 小时内进行熏蒸或消毒、淘汰破损明显有粪迹污染的种蛋等办法来加以控制。如果感染种蛋在孵化期间破裂，其内容物将成为严重的感染来源，特别是内容物污染操作人员及用具时，孵化前的蛋已污染尤其敏感。目前尚没有办法来预防孵化器和出雏器对病原菌的传播。保暖和避免饥饿可提高感染小鸡的存活力，高蛋白饲料和提高维生素 E 水平可明显促进病雏存活力。

6. **防治措施**　针对发病情况，及时采取以下措施进行处理，能取得较好的效果。

（1）防止水源和饲料的污染，重点防止水线堵塞。粪便及时清理并消毒，饲料要少喂勤添，水槽要每天清洗。

（2）加强饲养管理，鸡舍保持适宜的温度、湿度，保持空气流通，控制鸡群的饲养密度，鸡舍每天消毒。

（3）全群饮用加入 0.05% 维生素 C、5% 葡萄糖的凉开水，同时用 0.1% 多种维生素拌料。提高鸡群对本病的抵抗力。

（4）通过药敏试验，庆大霉素、阿米卡星对大肠杆菌最为敏感。全群用 0.01% 阿米卡星混合饮水，连用 5 天，站立不起的鸡适当晒太阳并喂给乳酸钙。

（5）经喂药 5 天后病鸡开始好转，食欲逐渐恢复，症状逐渐消失。两个疗程后鸡群可全部恢复健康。

（6）管理方面：保证供水供料充足，确保病鸡能喝上水吃上料。

（7）用药时间占全天的一半时间，最好是用 6 个小时药，停 6 个小时，然后再用 6 小时。

（九）沙门菌感染的疾病

鸡白痢（简称 PD）由鸡白痢沙门菌感染引起，禽伤寒（简称 FT）由鸡伤寒沙门菌感染引起。它们主要指雏鸡和火鸡的败血病，但其他鸟类如鹌鹑、野鸡、鸭子、孔雀、珍珠鸡也易感。两种疾病都可通过种蛋垂直传播。鸡白痢沙门菌和鸡伤寒沙门菌被看成同一种细菌。

鸡白痢的死亡病例通常限于 2～3 周龄的雏鸡。尽管禽伤寒通常被认为是成年禽类的一种疾病，但仍以雏鸡死亡率高的报道为多。禽伤寒可致 1 月龄内雏鸡的死亡率高达 26%。鸡白痢、禽伤寒造成的损失始于孵化期，而对于禽伤寒，损失可持续到产蛋期。据报道，有些鸡伤寒沙门菌对雏鸡产生的病变与鸡白痢难以区分。

　　与其他细菌性疾病一样，鸡白痢和禽伤寒可通过几种途径传播。受感染的禽类（阳性反应禽与带菌禽）是本病蔓延与传播的最重要方式。在早期的调查研究中，人们即认识到被感染种蛋在这两种疾病的传播中起着主要作用。感染禽不仅将疾病传给同代禽，而且还经蛋传给下一代. 其原因一是蛋在母禽排出时即被本菌污染；二是在排卵之前，卵泡中即已存在鸡白痢沙门菌和鸡伤寒沙门菌。后者可能是经蛋传播的主要方式。

　　鸡白痢沙门菌的其他传播方式还有通过蛋壳进入蛋内和通过污染的饮料传播，但此两种方式似乎不太重要。感染鸡白痢沙门菌或鸡伤寒沙门菌的母鸡所产的蛋带菌率高达33%。感染雏鸡或小母鸡的接触传播是鸡白痢沙门菌和鸡伤寒沙门菌散发的主要途径。这种传播可发生于孵化期间，通过福尔马林熏蒸方法能起到防止本病的作用。已有报道，感染鸡伤寒沙门菌的鸡死亡率可高达60.9%。感染鸡互啄、啄食带菌蛋及通过皮肤伤口，均可使本病在鸡群中传播。感染禽的粪便，污染的饲料、饮水及笼具也是鸡白痢沙门菌和鸡伤寒沙门菌的来源。饲养员、饲料商、购鸡者及参观者，他们穿梭于鸡舍之间及鸡场之间，除非认真谨慎地将鞋、手和衣服进行消毒，否则很可能携菌传染。卡车、板条箱和料包也能被污染。野鸟、动物和苍蝇可成为机械传播者。

　　蛋黄中凝集素的水平可影响种蛋传播。鸡白痢沙门菌的凝集素对防止感染种蛋的胚胎死亡有着重要的作用，从而成为通过种蛋传递病原的促进因素。

　　1. 症状　人们认为鸡白痢主要是雏鸡或雏火鸡的一种疾病，而禽伤寒则较常见于育成和成年的鸡与火鸡。由于这两种疾病可垂直传播，所以对于雏鸡与雏火鸡而言，其病征几乎相同。鸡白痢有时呈亚临床感染，即使是经蛋感染的也会出现这种情况。

　　2. 雏鸡和雏火鸡　用感染的种蛋进行孵化，可在孵化器中或孵出后不久见到垂死和已死亡的病雏。病雏表现嗜睡、虚弱、食欲丧失、生长不良、肛门周围黏附着白色物，继而出现死亡。在某些情况下，孵出后5~10天才可见到鸡白痢的症状，再过7~10天才有明显表现。死亡高峰通常发生在2~3周龄。在这些情况下，病禽表现为倦怠、喜爱在加热器周围缩聚一团、两翅下垂、姿态异常。

由于肺部有广泛的病理变化，可见到病雏呼吸困难、喘息。而过病雏，生长严重受阻，似乎停止生长，且羽毛不丰。这些幼雏不可能发育成为精神旺盛或生长良好的产蛋禽或种禽。严重暴发后而过的禽群，成熟后大部分成为带菌者。

据报道，雏鸡感染鸡白痢沙门菌可引起失明，胫跗、肱桡和尺关节肿胀。在某些情况下，雏鸡的关节发生局部性感染的概率较高，可致跛行与明显肿胀。在美国的东部地区，暴发的鸡白痢中，经常可见由鸡白痢沙门菌引发的涌膜炎或跗关节肿胀。

3. 育成和成年禽 感染禽有或没有症状，不能根据其外部表现作诊断，特别是鸡白痢病例。鸡群有急暴发时，最初表现饲料消耗量突然下降、精神委靡、羽毛松乱、面色苍白、鸡冠萎缩。当同时发生鸡白痢和禽伤寒时，还可见到其他症状，诸如产蛋率、受精率和孵化率的下降，这主要取决于禽群感染的严重情况。感染后4天内可出现死亡，但通常是发生于5~10天。感染后的2~3天，体温上升1~3℃。据报道，育成禽和成年禽较少发生鸡白痢，主要症状为厌食、腹泻、精神沉郁和脱水。

4. 发病率和死亡率 受年龄、品种的易感染性、营养、鸡群管理和暴露特性的影响，鸡的发病率和死亡率差异很大。鸡白痢引起的死亡率从0~100%不等。最大的损失发生在孵化后第2周内，在第3和第4周时死亡率则迅速下降。据报道，禽伤寒引起鸡的死亡率为10%~96%。

发病率常比死亡率要高得多，因为总有一些雏鸡会自然康复。感染鸡群所孵出的幼雏及与这群雏鸡同一房舍饲养者通常要比遭受运输应激者的死亡率为低。火鸡与鸡的损失程度相同。

5. 病变特征　　最急性病例，在育雏阶段的早期表现是突然死亡而没有病变。急性病例，可见肝脏、脾脏肿大、充血，有时肝脏可见白色坏死灶或坏死点，卵黄囊及其内容物有或没有出现任何病变，但病程稍长的病例，卵黄吸收不良，卵黄囊内容物可能呈奶油状或干酪样黏稠物。有呼吸道症状的患病禽，肺脏有白色结节，在心肌或胰脏上有时也有类似马立克病肿瘤的白色结节。心肌上的结节增大时，有时能使心脏显著变形。这种情况可导致肝脏的慢性出血和腹水。心包增厚，内含黄色或纤维素渗出液。在肌胃上也可出现相同的结节，偶尔在盲肠和大肠的肠壁可见到。盲肠内容物可能有干酪样栓子。有些禽表现为关节肿大，内含黄色的黏稠液体。

6. 治疗　　磺胺类药物包括磺胺嘧啶、磺胺甲基嘧啶、磺胺噻唑、磺胺二甲基嘧啶和磺胺喹噁啉，已用于鸡白痢和禽伤寒的治疗。磺胺嘧啶、磺胺二甲基嘧啶和磺胺甲基嘧啶在雏鸡饲料中最大用药剂量为 0.75%。雏鸡于 1 日龄时开始喂药，连用 5 天或 10 天，可有效地预防雏鸡的死亡，但鸡群在停药 5 天后又出现死亡。最初 5 天在粉料中抖入 0.5% 的磺胺甲基嘧啶，可降低感染母鸡的后代——雏鸡的死亡率。治疗禽伤寒时，饲料中加入 0.1% 的磺胺喹噁啉，用药 2~3 天，如有需要，再以 0.05% 的比例用药 2 天；也可用水配成 0.04% 的药液，连用 2~3 天，若有需要，也可重复 1 个疗程。在屠宰食用前至少停药 10 天。许多研究表明，用药后存活的禽中，有相当一部分成了感染禽。

许多抗生素可有效降低发病率和死亡率，如氯霉素以 0.5% 的比例拌料，连用 10 天；金霉素以 200 毫克/千克的比例拌料，氨基糖苷类（apramycine）以 150 或 225 毫克/升的比例饮水，连用 5 天。但是，所有这些抗生素都不能有效根除鸡白痢沙门菌。

孵化前用硫酸新霉素喷雾蛋壳，对控制雏鸡的鸡白痢是有益的。

7. 管理措施　实施管理制度，以防止鸡白痢或禽伤寒传入禽群。必须逐步地将带菌者消除。

（1）雏鸡与雏火鸡应该自无鸡白痢和禽伤寒的场所引入。

（2）无鸡白痢和禽伤寒鸡群都不可和其他家禽或来自未知有无该病的舍饲禽相混群。

（3）雏鸡与雏火鸡应该置于能够清理和消毒的环境中，以消灭上批鸡群残留的沙门菌。

（4）雏鸡与雏火鸡应饲喂颗粒饲料，以最大限度地减少鸡白痢沙门菌、鸡伤寒沙门菌和其他沙门菌经污染的饲料原料传入鸡群的可能性。使用无沙门菌饲料原料是极为理想的。

（5）通过采取严格的生物安全措施，最大限度地减少外源沙门菌的传入。

1）自由飞翔的鸟常常携带沙门菌，但很少遇到鸡白痢沙门菌或鸡伤寒沙门菌。鸡舍必须有防止飞禽的设备。

2）小鼠、鼠、兔、猫、狗和害虫可作为沙门菌携带者，但很少发现感染鸡白痢沙门菌或鸡伤寒沙门菌。因而，鸡舍应有防啮齿动物的设施。

3）控制昆虫很重要，尤其是防苍蝇、鸡螨与小粉虫。这些害虫常为环境中的沙门菌和其他禽病原的生存媒介。

4）使用饮用水或供给经氯化的水。在某些地区，常取露天水池中的表层水供给柴鸡饮用，这有一定的危险性。

5）本菌的机械传播者，包括人的鞋和衣服、养禽设备、运料车与装禽的板条箱。必须小心谨慎防止经污染物传入鸡白痢沙门菌或鸡伤寒沙门菌。

6）必须对死禽进行适当处理。

8. 伤寒、副伤寒病　发病初发病鸡表现精神沉郁，食欲减退、离群或聚集成堆，缩头闭眼，随病情发展出现排水样稀粪，频频饮水，个别柴鸡眼睑肿胀，鼻内有黏液或脓性分泌物，甚至出现失明。

剖检可见肝脏颜色加深，有的呈现青铜色，肝表面有出血条纹和灰白色坏死点，胆囊扩张充满胆汁。脾、肾淤血肿胀。脾脏高度肿大、坏死，呈斑驳状，小肠黏膜肿胀，局部出血，一侧或两盲肠腔内有黄白色豆腐渣样栓塞物。产蛋母鸡卵泡变形、变色。卵巢变形、萎缩呈肉变样。常见卵黄性腹膜炎、肠道黏膜卡他性、出血性炎症。有时肾脏可见黄色坏死点。有时可见纤维素性肝周炎和心包炎、盲肠内有干酪样栓子。胰腺有灰白色坏死灶。

副伤寒常局限于肠道，可用四环素类、喹诺酮类药物混在饲料或溶于水中服用。由于这类药肠道吸收较少或者中等，可使药物作用于消化道的局部，同时动物体内残留量很低，停药后较短时间体内就检查不出来了，对人体无影响。土霉素可用0.01%～0.02%浓度混于饲料中，服用1周，如果没有完全控制，还可继续服用1个疗程。磺胺类药物也有效。诺氧沙星50毫升/千克饮水7～13天或100毫升/千克混饲7天，都有较好的疗效。此外，在饲料里添加0.02%呋喃唑酮，连喂1周，可停止死亡，然后将剂量减半，可以防止本病散播。

（十）葡萄球菌病

葡萄球菌病是由金黄色葡萄球菌引起，各日龄鸡均可发生，以40～80日龄中鸡多见，成年鸡较少发生，白羽鸡易感。本病发病原因多与创伤有关，如断喙、接种、啄斗、刺刮伤等，有时也可通过呼吸道传播。鸡痘发病后多继发本病，故防鸡痘对本病至关重要。定期用0.3%过氧乙酸带鸡消毒，发病后要根据药敏试验选药。

1. 病理变化　病鸡趾尖干性坏疽、爪部皮肤出血、水肿。腱鞘积有脓性渗出物，病鸡打开关节后可见大量化脓性物，此灶可延伸至屈肌膜鞘，内有血样黏液。眼睑肿胀，有大量脓性分泌物将眼封闭。翅膀、胸部皮肤出血、发紫、液化、脱毛、皮下出血、溶血。病鸡腿部和翅膀尖处脱毛，水肿性皮炎，皮下出血。头、颌部皮下出血、水肿。外观头肿胀、绿色。肺出血、液化、不成形。胸、腹部皮肤出血，脱毛、液化。

2. 防治措施

（1）加强饲养管理，注意环境消毒，避免外伤鸡只的发生。创伤是引起本病发生的重要原因。因此饲养管理过程中应尽量减少伤鸡的出现。如鸡舍内网架安装要合理，网孔不要过大，不能有毛刺。接种疫苗时做好消毒工作。

（2）提供营养平衡的饲料，防止因维生素缺乏导致皮炎和干裂。

（3）做好鸡痘和传染性贫血的预防。

（4）禽群发病后可用庆大霉素、青霉素、新霉素等敏感性药物治疗。同时用0.3%的过氧乙酸消毒。

（5）当发生眼型葡萄球菌病时，采用青霉素、链霉素或氯霉素眼膏点眼治疗，饲料中维生素 A、维生素 D_3、维生素 E 加倍使用。

（十一）曲霉菌病

禽曲霉菌病是多种禽类常见的霉菌病。该病特征是呼吸道（尤其是肺和气囊）发生炎症和形成小结节，故又称曲霉菌性肺炎。本病发生于幼禽，发病率和死亡率较高，成年禽多呈慢性经过。曲霉菌属中的烟曲霉是常见的致病力最强的病原，黄曲霉、构巢曲霉、黑曲霉和地曲霉等也有不同程度的致病性。偶尔也可以从病灶中分离到青曲霉和白曲霉等。

1. 抵抗力 曲霉菌孢子对外界环境理化因素的抵抗力很强，在干热120℃、煮沸5分钟才能杀死。对化学药品也有较强的抵抗力。在一般消毒药品中，如2.5%福尔马林、水杨酸、碘酊等，需经 1～3 小时才能灭活。

2. 流行特点

（1）本病主要发生于雏禽，4～12 日龄是发病高峰，以后逐渐减少。

（2）污染的垫料、用具、空气、饮水、霉变饲料是本病的主要传染源。主要是通过呼吸道和消化道感染。

（3）育雏阶段管理差、通风不良、拥挤潮湿及营养不良等都是本病的诱因。

（4）孵化环境受到严重污染时，霉菌孢子容易穿过蛋壳侵入而感染，使胚胎死亡，或者出壳后不久出现病状，也可在孵化环境经呼吸道感染而发病。

3. 临床病理变化

（1）雏鸡感染后病鸡衰弱食欲减退，眼闭合，呈昏睡状，呼吸困难，张口喘气，但无声音；眼流泪，流鼻涕，甩鼻。

（2）病鸡排黄色稀粪。肛门周围沾满稀粪。

4. 解剖病理变化

（1）肺或气囊壁上出现小米粒到硬币大的霉菌结节，肺充血出血，霉菌结节切开呈车轮状。肺结节呈黄白色或灰白色干酪样。

（2）胃、肠黏膜有溃疡和黄白色霉菌灶。脾胃与肌胃交界处有溃疡灶。

（3）有的病鸡脑、心脏、脾脏等实质器官有霉菌结节。

（4）曲霉菌病鸡胸骨和肠系膜有霉菌结节或存积黄色干酪样物。

（5）曲霉菌病鸡的心脏和脾脏横切面有霉菌结节块。

5. 防治措施

（1）预防本病首先要改善鸡舍的卫生条件，特别注意通风、干燥、防冷应激以及降低饲养密度，尤其是加强孵化室的卫生消毒。禁止使用发霉或被霉菌污染的垫料或饲料，垫料要勤更换。

（2）病鸡没有治疗价值，应淘汰。加强卫生消毒措施，清除受污染的全部垫料或饲料，用 0.05% 的硫酸铜溶液喷洒消毒。

（十二）禽霍乱

禽霍乱（FC）是由禽杀性巴氏杆菌引起的一种急性、烈性、败血性、接触性的传染病，又名禽巴氏杆菌病、禽出败。本病常以败血症和剧烈下痢为特征，发病率和死亡率很高，慢性型发生肉髯水肿和关节炎，是严重危害家禽生产的主要疾病之一。

1. 病原　禽霍乱的病原为多杀性巴氏杆菌，是一种两端钝圆、不运动、能形成芽孢的短杆菌，革兰染色阴性。病料组织或体液涂片用瑞氏、姬姆萨或亚甲蓝染色镜检，见菌体呈卵圆形、两端着色深、中央部分着色较浅，所以又叫两极杆菌。本菌对物理和化学因素抵抗力比较低，普通消毒就能达到良好的效果。发病柴鸡以下痢、不食、鸡冠及肉垂发绀、口流黏性液体、急性死亡为主要特征。

2. 流行病学　本病可侵害所有的家禽及野禽。其中鸡、鸭最易感，鹅的易感性较差，成年禽发生居多，幼禽较有抵抗力，一般为散发或地方性流行，但在鸭群中的流行则很严重，表现为突然发病，在几天内大批死亡，造成重大损失。鸡群发病死亡不像鸭群这样严重。病禽及带菌禽是本病的主要传染源。病禽的排泄物和分泌物含有大量病菌，污染饲料、饮水、用具及场地等，从而传播疫病。本病发生无明显的季节性，但以夏末秋初发病较多，潮湿地区易于发生。健康带菌禽当饲料管理不良、内寄生虫病、营养缺乏、长途运输、天气突变、阴雨潮湿、禽舍通风不良等因素造成机体抵抗力降低时，则能诱发本病。疫病主要通过消化道及呼吸道感染，在自然情况下，鸡、鸭、鹅和鸽都可同时或相继发病。

3. 临床症状　潜伏期一般为 2～9 天，有时在引进病鸡后 48

小时内也会突然发病，最短的仅几小时。根据病程可分为三型：

（1）最急性型。常见于流行初期，以产蛋高的鸡最常见。病鸡无前驱症状，晚间一切正常，吃得很饱，次日发现死在鸡舍内，有时见病鸡精神沉郁，倒地挣扎，拍翅抽搐，迅速死亡。病程短者数分钟，长者也不过数小时。

（2）急性型。此型最为常见，病鸡表现精神、食欲减退，不愿走动，离群呆立，下痢，体温升高到 43 ~ 44℃，呼吸困难，鸡冠、肉髯青紫色。产蛋柴鸡停止产蛋，最后发生衰竭、昏迷而死亡，病程短的约半天，长的 1 ~ 3 天。

（3）慢性型。由急性不死转变而来，以慢性肺炎、慢性呼吸道炎和肠胃炎较多见。病鸡消瘦，精神委顿，有些病鸡一侧或两侧肉髯显著肿大，随后可能有脓性干酪样物质坏死、脱落。有的病鸡有关节炎，表现为关节肿大、疼痛、脚趾麻痹而发生跛行，病程可拖至 1 个月以上，但生长发育和产蛋长期不能恢复。鸭发生急性霍乱的症状与鸡基本相似，常以病程短促的急性为主，病鸭不愿下水，常落于鸭群的后面或独蹲一隅。呼吸困难，常常摇头，企图排出积在喉头的黏液，故有"摇头瘟"之称。有的病鸭两脚瘫痪，不能行走，一般于发病后 1 ~ 3 天死亡。病程长者可见局部关节肿胀，跛行或完全不能行走，羽毛松乱，两翅下垂，雏鸭甚至脚麻痹，瘦弱、发育迟缓。成年鹅的症状与鸭相似，仔鹅发病和死亡较成年鹅严重，常以急性为主，病程 1 ~ 2 天即死亡。病鸡精神委顿，两翅下垂，羽毛松乱，离群独处，食欲减退，腹泻，排黄色、灰白色或淡绿色稀粪，有时粪中混有血液，体温升高，呼吸急促，口鼻流出多量带血的分泌物。部分鸡只无任何临床症状就突然死亡。

4. 剖检变化 最急性型死亡的柴鸡无特殊病变，有时只能看见心外膜有少许出血点。急性病例病变较具特征性，腹膜、皮下组织及腹部脂肪常见小点出血，心包变厚，内积不透明淡黄色液体，心外膜、心冠脂肪出血尤为明显。肝脏稍肿、质脆，呈棕色或黄棕色，表面散布有许多灰白色、针头大的坏死点。肌胃出血显著，肠道尤其十二指肠呈卡他性和出血性肠炎。肺有充血和出血点，脾脏一般不见明显变化。慢性型病变局限于某些器官，如关节、腱鞘、肉髯、鼻腔或卵巢等发炎和肿胀，局部有稠厚的酪样渗出物，呈黄灰色。鸭的病理变化与鸡基本相似。雏鸡呈多发性关节炎，关节囊增厚。心肌有坏死灶，肝硬化。

柴鸡解剖：皮下腹部脂肪、胸腹膜出现小点状出血；心冠状沟脂肪有明显针尖大小出血点；心外膜出血；肝脏肿大，质度稍硬，在被膜下和肝实质中见有数量较多的弥漫性针尖大小坏死灶；小肠前段尤其是十二指肠呈急性卡他性炎症或急性出血性卡他性炎症。

5. 实验室检验　根据本病的疫苗接种情况、流行病学、临床症状等特征，可作出禽霍乱的初步诊断。为了进一步确诊，应进行实验室检验。涂片镜检和细菌分离培养：制作血片和无菌取肝、脾涂片，革兰染色，镜检，可见大量革兰阴性小杆菌；瑞氏染色，镜检，可见两极浓染的近似于椭圆形的球杆菌。另将肝、脾等病料接种于鲜血琼脂平板上，置于 37℃ 温箱培养 24 小时，可见在鲜血琼脂平板上有半透明、不溶血、光滑、边缘整齐、灰白色小菌落。将该菌落涂片，革兰染色，镜检，可见革兰阴性细小球杆菌。鉴定该菌为巴氏杆菌。

6. 诊断　根据禽群的发病情况，临床症状和病理变化，结合药物治疗，可以对本病作出初步诊断，但应注意与鸡新城疫和鸭瘟相区别。鸡新城疫发病比禽霍乱相对慢、病程长，仅感染鸡，临床上出现剧烈下痢，后期伴有神经症状，剖检见腺胃黏膜乳头出血和小肠出血性坏死性炎症，抗生素和磺胺类药物治疗无效。鸭瘟发病流行期相对较长，仅感染鸭，病鸭眼睑封闭，两腿发软，口腔后部黏膜有假膜、溃疡，头颈肿大，药物治疗无效。

剖检可见食道和泄殖腔黏膜有坏死痂或假膜。确诊本病仍有赖于细菌学检查，可采取肝、脾、肾、心血等作涂片或组织触片，用姬姆萨或亚甲蓝染色，镜检见有多量两极着色小杆菌，即可确诊。

7. **防治方法** 确诊本病之后，应尽快全群投药。一般多用混料的方式投药，必要时可以肌内注射。常用的药物有青霉素、链霉素、氯霉素、土霉素、灭败灵、灭霍灵、喹乙醇等。

下面推荐几种治疗方案，供参考。

（1）土霉素。每千克饲料混入 2~3 克，连用 5~7 天。

（2）喹乙醇。每千克饲料混入 0.4 克，连用 3 天，之后每千克料混入 0.2 克，再用 5 天。

（3）灭败灵。肌内注射，每千克体重 2 毫升，每天 1 次，连用 2~3 天后换土霉素混料，每千克料混 2 克，连喂 5 天以上。

（4）慢呼净（949）。方法、剂量与鸡慢呼病相同，疗效显著。

（5）强力抗。每小瓶 15 毫升，加水 25~50 千克饮服治疗。用于预防，每瓶加水 50~100 千克，亦可肌内注射，治疗效果较好。

预防本病关键在于采取综合防治措施，尽可能做到自繁自养，杜绝传染源的侵入，要加强饲养管理，消除引起鸡体抵抗力降低的一切因素。如鸡场饲养密度不能太高，要通风良好，定期驱虫、消毒。平时还要进行药物和菌苗预防。菌苗预防目前普遍使用的为禽霍乱弱毒冻干苗和氢氧化铝灭能苗，但禽霍乱菌苗性能不够稳定，免疫期短，保护率较低，有一定的免疫反应，特别是蛋鸭产蛋期，反应更大。因此，一般应在开产前 4 周和 2 周时各接种 1 次，效果较好。药物预防一般可采用投药 3~4 天，停药 10 多天的方法周期性预防。环丙沙星或恩诺沙星按每千克体重 5~10 毫克的剂量拌料饲喂或肌内注射，每天 2 次，连用 3~4

天。

（十三）球虫病

鸡球虫病是由多种艾美耳鸡球虫寄生于鸡的肠上皮细胞引起的一种原虫病。本病分布广泛，感染普遍，是鸡群中最常见的也是危害最严重的寄生虫传染病。

1. 分类特征 各种鸡艾美耳球虫特征见表 8.5。

表 8.5　各种鸡艾美耳球虫特征

分类	堆形艾美耳球虫	布氏艾美耳球虫	巨型艾美耳球虫	和缓艾美耳球虫	变位艾美耳球虫	毒害艾美耳球虫	早熟艾美耳球虫	柔嫩艾美耳球虫
特征寄生区	十二指肠和空肠	小肠后段和直肠	小肠中段	小肠后段	小肠前段和中段	小肠中段	小肠前 1/3 部分	盲肠
肉眼病变	轻度感染，在梯形条纹中有时存在白色圆形病变；严重感染，肠壁增厚，斑块融合	凝固性坏死，小肠下段黏膜性出血；肠炎	肠壁增厚，黏液性血色渗出物；淤血	黏液性渗出物，无病变	轻度感染，卵囊圆形斑块；严重感染，肠壁增厚，斑块融合	气胀、白点（裂殖体）淤斑，充满血液的黏液性渗出物	无病变，黏液性渗出物	开始发病时，肠腔内有出血，以后肠壁增厚，黏膜苍白，有血液凝固的肠芯
致病性	+	+ +	+ +	- / +	- / +	+ + +	- / +	+ + + +

2. 生活史 艾美耳球虫的生活史属直接发育型，不需要中间宿主，通常可分为孢子生殖、裂殖生殖、配子生殖三个阶段。整个生活史需 4 ~ 7 天。

（1）艾美耳球虫卵刚随鸡粪便排出时不具感染性，在温暖潮湿的环境里，卵囊经 1 ~ 3 天，即可发育成具感染性的成熟卵囊。但温度低于 7℃或高于 35℃及低氧条件下，孢子化过程将会停止。由于鸡肠道中温度高于 35℃且氧气又不充足，所以不能发生鸡的自身循环感染。

（2）当鸡通过饲料和饮水摄食了这种具有感染性的孢子卵囊后，由于消化道的机械作用和酶的作用，释放出子孢子，子孢子侵入肠壁上皮细胞内继续发育，此时虫体称作滋养体。滋养体的细胞核进行无性的复分裂，此时虫体称作裂殖体。

（3）滋养体发育到一定程度，裂殖体破裂，裂殖子被释放出后又寻找新的上皮细胞，并再发育裂殖体，如此反复几次，造成肠黏膜的损害。

（4）第二代无性生殖进行到若干世代后，一部分裂殖子转化成许多小配子（雄性）；一部分裂殖子转化形成大配子（雌性），二者结合后形成合子，合子很快形成一层被膜而成为卵囊。卵囊随粪便排出体外，并在适宜条件下，经数日发育形成孢子囊和子孢子而成为感染性卵囊，被鸡食入后又重新开始体内裂殖生殖和配子生殖。

3. 致病力　球虫致病力除取决于虫种外，也取决于感染卵囊数量。感染卵囊数量过少也不能导致发病。

4. 抵抗力　球虫抵抗力非常强，卵囊在外界发育的适宜温度是 20～30℃。高于 35℃ 或低于 7℃ 发育停止。干燥能使其发育停止或死亡；一般消毒剂无效，氨气对卵囊有强大杀灭作用。

5. 流行特点　各日龄的鸡只均有易感性，多发生于 3～5 周的鸡，成鸡也能发生。球虫病也是一种免疫抑制病。发生球虫病后加重大肠杆菌、沙门菌、新城疫病发病率。雏鸡拥挤，垫料潮湿，饲料中维生素 A、维生素 K 缺乏以及日粮营养不平衡等，都是本病发生的诱因。

6. 临床诊断　球虫病危害严重的主要有两种：盲肠球虫和小肠球虫。盲肠球虫主要侵害的是盲肠、引起出血性肠炎，病鸡表现精神委靡，羽毛松乱，不爱活动，食欲废绝，鸡冠及可视黏膜苍白，逐渐消瘦，排鲜红色血便，3～5 天死亡。小肠球虫主要侵害的是小肠中段，引起出血性肠炎，病鸡表现精神萎靡，羽毛松乱，不爱活动，排出大量的黏液样棕色粪便，3～5天死亡。耐过鸡营养吸收不良，生长缓慢。

7. 解剖学诊断

（1）盲肠球虫病鸡主要表现为盲肠肿胀，充满血液或血样凝血块。盲肠黏膜增厚。

（2）小肠球虫病鸡主要表现为小肠肿胀，肠管呈暗红色肿胀，切开肠管内充满血液或血样凝血块。小肠黏膜增厚，与球虫增殖的白色小点相间在一起，苍白，失去正常弹性。

（3）慢性球虫病鸡主要表现为肠道苍白，失去正常弹性，肠壁增厚，切开肠壁外翻。小肠球虫引起肠道肿胀，有明显出血斑点出现。

8. 防治措施

（1）加强饲养管理，注意通风换气，保持垫料的干燥和清洁卫生。降低饲养密度。

（2）发病后要及时用药，但用药量不能过大，应至少保持一个疗程。在使用治疗用药的同时要加大多维素的用量。饲料中多维素用量要增加3～5倍。水中加入维生素 K_3 3～5毫克，方便时饲料中粗蛋白下降5%～10%为好。

（3）疫苗免疫也是一个很好的做法，在1～7日龄使用球虫疫苗为宜。球虫疫苗使用时一定要注意湿度的控制。再者就是在拌料方面一定要均匀，确保每只鸡吃到均匀的球虫卵囊。

（4）球虫免疫的重要作用是防止柴鸡生长过程中出现典型的病理变化，但在免疫球虫疫苗过程中由于管理、操作办法和疫苗质量问题往往引起球虫疫苗免疫后死淘率增加。少则几十只，多者上千只的都有，同时造成免疫失败。

（5）做好球虫疫苗免疫要做到以下几点：

1）确保疫苗质量，选择优秀厂家的产品，保存要过关。

2）使用防疫球虫疫苗时操作不能失误。

（6）有以下几点不能忘记：

1）足够饲料量，让每只鸡都吃饱，也就是满足 8 个小时的采食量。

2）料中拌疫苗要均匀，按料量 10% 的水量把疫苗兑入，慢慢地均匀喷洒在所有料量上。

3）有足够的料位，让每只鸡同时能吃到料。

4）每栏按鸡数分清料量和料位。

（7）操作办法：

1）3 日龄按每只鸡 6 ~ 7 克料，4 日龄按每只鸡 8 ~ 9 克料，不能太少；管理人员自己亲自拌料。

2）用小喷雾器每瓶疫苗 1 千克水，一个人喷料，一个人拌料，到把所有疫苗喷完为止。

3）按加入的水量加上料量，平分给每栏的每只鸡。

（8）防疫后的管理与维护：控制舍内湿度不能过高和过低，应在 35% ~ 60%；提高湿度只能地面洒水，不能在垫料上洒水；防疫后 5 天，天天观察粪便情况，并进行化验室检测。

（9）预防球虫野毒株感染：野毒株会加重疫苗反应同时引起大的死亡。预防的方法很简单：不要让雏鸡以任何方式接触到土地面，也就是在育雏过程中所有员工不走土地面。

（十四）盲肠性肝炎病

盲肠性肝炎是鸡和火鸡的一种急性原虫病，又叫黑头病。本病的主要特征是盲肠发炎和肝脏表面产生一种具有特征性的铜钱样或雪花样的坏死溃疡病灶。本病病原是火鸡组织滴虫，是一种单细胞多形性虫体，大小与球虫相似，寄生于盲肠腔内，呈不规则形，有一根鞭毛，能进行钟摆运动；寄生于肠上皮黏膜肌层细胞内者近似圆形，无鞭毛。强毒株可致盲肠及肝脏病害，引起鸡死亡。本病主要通过消化道感染，以 2 ~ 3 月龄的鸡发病较高，成鸡多带虫而无症状。病鸡和带虫鸡既可随粪便排出原虫，也可排出藏有原虫的异刺线虫虫卵。这些病鸡的粪便污染了饲料、饮水，易感鸡吃了以后就会发生感染。散放饲养的鸡群易发。

1. 临床症状　本病潜伏期一般为 5~21 天，最短仅为 3 天。病初症状不明显，逐渐表现精神不振、食欲减退、羽毛松乱，拉淡黄、淡绿色稀粪，严重时排出血便，贫血、消瘦。有些病鸡的面部皮肤变成蓝紫色或黑色。病程通常为 1~3 周。病愈鸡可带虫达数周至数月。

2. 剖检变化　病变主要在盲肠和肝脏。盲肠肿大，肠壁肥厚变硬，切开肠管可见干酪样物质堵塞肠内，内容物切面呈同心层状，中心是黑红色的血凝块，外围是黄白色的渗出物和坏死物质。肠黏膜发生坏死和溃疡。急性病例盲肠发生急性出血性肠炎，肠内含有血液。肝脏肿大，肝表面可见大小不等的坏死斑，呈黄绿色或灰绿色，中心稍凹陷，边缘稍隆起，似铜钱样或雪花样。盲肠肿大，两侧盲肠内充满血液或凝固的血块，严重者肠内容物凝固，外观似香肠样。切开时，切面呈同心圆状，中心是黑红色的凝血块，外围灰白色或中心全是黄白色、灰白色的干酪样栓塞，肠壁增厚、变硬，失去弹性。

3. 显微镜检查　取病鸡或病死鸡的新鲜粪便和盲肠内容物涂片、肝病灶触片，加入少量 37~40℃ 的生理盐水混匀，加盖片后立即在 400 倍显微镜下检查，见活的呈钟摆样的虫体和异刺线虫。根据临床症状、解剖病理变化、实验室检验，诊断为盲肠性肝炎病即组织滴虫病。

4. 防治措施

（1）用 0.3% 的二甲硝唑拌料喂服，连喂 7 天，病情基本得到控制，停止死亡。停药 3 天后，再用盐酸左旋咪唑驱虫一次（按每千克体重口服 25 毫克），驱除鸡体内异刺线虫，以消除组织滴虫的传播媒介。然后再以二甲硝唑按 0.2% 拌料，连喂 3 天。

（2）每天把鸡舍打扫干净，用20%石灰水消毒栏舍、场地、墙壁；用1:300百毒杀对饮水盘、饲槽等用具消毒。通过采取上述防治措施，两周后鸡群全部恢复正常。

5. 小结与讨论

（1）鸡盲肠肝炎一般由异刺线虫卵携带组织滴虫传播，因此要对鸡群定期驱除异刺线虫预防本病的发生。

（2）本病多发生于夏季，在卫生条件差的平养鸡场流行发生（上述发病的鸡群均是平养），4～16周的鸡多发，主要通过病鸡排出的粪便污染饲料、饮水、土壤以及用具，由消化道感染。所以，搞好鸡舍卫生，使鸡少接触粪便及污染物是预防本病发生的有效措施。

（3）本病与盲肠球虫病有相似的病变，应注意进行鉴别确诊。盲肠球虫病临床症状为高度贫血、消瘦，鸡冠和肌肉苍白，排血便。剖检病变盲肠出血，有白色小坏死点密布。盲肠性肝炎病临床症状为病鸡头部呈黑紫色，排淡黄、淡绿或白色粪便，严重时有血便。剖检病变盲肠出血，干酪样坏死肠壁增厚、变硬，失去弹性。肝脏出现特征性的凹陷扣状坏死。

附 录

柴鸡保健免疫程序

	用药和疫苗	用量	作用
1~5 日龄	黄芪多糖口服液兴 + 液体多维（维胺速补）+ 恩诺沙星	黄芪多糖口服液，200毫升/300 千克，全天饮用；液体多维，200 毫升/400 千克，全天饮用；恩诺沙星，150 毫克/千克，使用 4 天	抗应激，提供要机体体能，促生长发育，提高机体抵抗力，完善肠道功能，提高成活率。蛋鸡母源抗体消失，疫苗免疫抗体水平还不高，防治新城疫、法氏囊等病毒性疾病
7 日龄	新支流油苗 + 新城疫弱毒苗	新支流油苗 0.3 毫升皮下注射 + 新城疫弱毒点 1 头份点眼	
9~12 日龄	黄芪多糖粉	黄芪多糖分 100 克，加入 1 000 千克饮水，全天饮用	
10 日龄	微生态制剂，酸制剂（速可菌）	10 日龄以后两种药品交替使用。每月使用一次，每次使用 3~4 天	均衡肠道的有益菌群，提供机体体能，促生长发育，提高机体抵抗力，完善肠道功能，提高成活率
14 日龄	法氏囊中毒疫苗	1.5~2 倍量	预防法氏囊病
22 日龄	新城疫弱毒苗 + 鸡痘	新城疫弱毒点 1 头份眼，鸡痘 1 头份刺种	预防新城疫和鸡痘

续表

	用药和疫苗	用量	作用
31~34 日龄	黄芪多糖粉	黄芪多糖粉 100 克/1000 千克,全天饮用	提高柴鸡对疾病的抵抗力
45 日龄	双黄连口服液 + 强力霉素	双黄连口服液(200 毫升/300 千克水),多西环素(200 毫克/千克),连用 4 天	防治疫苗的免疫反应,防治支原体,同时预防大肠杆菌的发生
50 日龄	新城疫弱毒苗 + 鸡痘 新支流油苗	新城疫弱毒点 1 头份点眼,鸡痘 1 头份刺种;新支流油苗 0.5 毫升皮下注射	预防新城疫和鸡痘
75~78 日龄	黄芪多糖粉,硫酸新霉素	黄芪多糖粉(1000 千克水加入 100 克)全天饮用;硫酸新霉素(1000 千克水加入 200 克)全天量分早晚使用,每次饮水 6 个小时	消减本阶段的免疫应激,防治病毒性及免疫抑制性疾病,预防细菌病的发生
98 日龄	新支减油苗	新支减油苗 0.6 毫升皮下注射	预防减蛋综合征为主,用产蛋柴鸡和种用柴鸡
100 日龄	硫酸丙硫苯咪唑	按说明书使用驱虫	防治肠道寄生虫病
108 日龄	新城疫弱毒苗 Clon - 88,新支流油苗	新城疫弱毒点 1 头份点眼;新支流油苗 0.6 毫升皮下注射	预防新城疫和禽流感
开产时	黄芪多糖粉,液体多维(维胺速补)	黄芪多糖粉(1000 千克水加入 200 克)连用 7 天,全天饮用;液体多维(400 千克/200 毫升)连用 7 天,全天饮用	消减免疫、换料、开产等引起的应激反应,调理肠道,提高机体抗病能;补充营养、提高机体体质

续表

	用药和疫苗	用量	作用
产蛋达到30%时	双黄连口服液+多西环素	双黄连口服液（200毫升/300千克），多西环素（200毫克/千克），连用4天	预防产蛋应激，防治支原体，同时预防大肠杆菌病的发生
开产后	肝肾宝或肝肾口服液+液体多维	肝肾宝或肝肾口服液（800千克/500毫升）每月用3~4天，下午5时~11时集中饮用； 液体多维（400千克/200毫升），当鸡冠发白时，连用5~10天	补益肾元气，延长产蛋高峰期，提高种蛋孵化雏鸡的健康率； 补充营养物质，提高种蛋孵化雏鸡的健康率
高峰后	黄芪多糖粉+银黄可溶性粉或双黄连口服液	黄芪多糖粉（1000千克水加入100克），每次见到有部分蛋壳颜色变白时和免疫时连用5天，疫苗在用药第三天时使用； 银黄可溶性粉（200千克水加入100克），有呼吸道症状和畸形蛋时使用，连用5~7天，全天量分早晚使用	提高机体抗病能力，提高免疫的抗体效价，保护肠道，降低料蛋比，提高孵化后雏鸡体质； 防治支原体，防控制病毒性疾病

注：

1. 此各程序是根据柴鸡生理特点编写的，其他疾病的预防可根据当地疾病发病情况排入保健程序。可根据鸡场情况合理调整，尽量减少使用抗生素类的药品。

2. 本程序中关于球虫的防治涉及较少，一旦出现球虫要以中草药预防为主，发病时也不能使用磺胺类药品，可以用当地其他敏感球虫药物进行治疗。

3. 黄芪多糖使用剂量和使用方法：黄芪多糖粉每1000千克饮水加入100克，拌料每500千克饲料加入100克，全天供应。

4. 银黄可溶性粉使用期间会影响其他药物和疫苗的使用效果，银黄使用时要跟疫苗间隔24小时。

5. 本用药程序宗旨：以防病为主，又要注意防止药物滥用现象的发生，应以调节鸡体自身免疫机能，增加自身抵抗力为主。

6. 治疗用药时，应全天用药或分早晚两次使用，每次使用时间不少于6小时。短时间集中用药无法保证24小时血液中药品浓度的均衡。

7. 提倡健康绿色养殖，以调节机体功能药品为主，减少治疗药品（以西药为主的杀菌抑菌的药品）的用量。

鸡的最佳饮水量：

1～6周龄的雏鸡，每天每只鸡供给20～100毫升；7～12周龄的青年鸡，每天每只鸡供给100～200毫升；不产蛋的母鸡，每天每只鸡供给200～230毫升；产蛋的母鸡，每天每只鸡供给230～300毫升。饮水量与采食量的比例：在正常气温（20℃）中，饮水量为采食量的2倍；在高温（35℃）环境中，饮水量为采食量的5倍。饮水量随产蛋率的上升而增加：产蛋率为50%时，蛋鸡需水量为每天每只鸡170毫升；以后产蛋率每提高10%，则饮水量相应增加12毫升。饮水量的季节变化：冬季每天每只鸡需饮水100毫升；春季和秋季每天每只鸡需饮水200毫升；夏季每天每只鸡需饮水300毫升。